U0313661

2016 年度江西省文化艺术科学规划项目（课题编号：YG2016046）

《街道景观小品——城市公共环境设施设计研究》

城市公共环境设施设计

杨玲 张明春 著

中国戏剧出版社

CHINA THEATRE PRESS

图书在版编目（CIP）数据

城市公共环境设施设计 / 杨玲，张明春著. -- 北京：
中国戏剧出版社，2018.11（2022.2重印）
ISBN 978-7-104-04741-4

Ⅰ．①城… Ⅱ．①杨… ②张… Ⅲ．①城市公用设施
—环境设计 Ⅳ．①TU984

中国版本图书馆CIP数据核字(2018)第252154号

城市公共环境设施设计

责任编辑：赵宇欣
责任印制：冯志强

出版发行：中国戏剧出版社
出 版 人：樊国宾
社　　址：北京市西城区天宁寺前街 2 号国家音乐产业基地 L 座
邮　　编：100055
网　　址：www.theatrebook.cn
电　　话：010-63385980（总编室）　010-63381560（发行部）
传　　真：010-63381560

读者服务：010-63381560
邮购地址：北京市西城区天宁寺前街 2 号国家音乐产业基地 L 座

印　　刷：涞水建良印刷有限公司
开　　本：787mm×1092mm　1/16
印　　张：13
字　　数：250千字
版　　次：2018年11月　北京第1版第1次印刷
　　　　　　2022年2月　北京第1版第2次印刷
书　　号：ISBN 978-7-104-04741-4
定　　价：148.00元

版权专有，违者必究；如有质量问题，请与出版社联系调换。

前言

公共环境设施如同城市中的"家具",它们与民众的户外生活质量、城市形象优劣联系紧密,它们对于改进城市环境质量、传递城市的精神与文化、增进人们之间的交往、激发市民的情感认同与归属等方面,都具有十分重要的作用和影响。与发达国家相比,我国城市公共环境设施的发展起步较晚,无论是设计理论的研究,还是开发设计的深度广度抑或制作生产的工艺水平都与之相去甚远。

近十来年,随着城市建设的突飞猛进,跟城市建设相关的公共环境设施越发显得捉襟见肘,缺乏整体规划思路与相应的理论指导及依据,无法跟城市的发展脉络、城市文化演变相匹配,城市规划者们逐渐意识到设施设计问题的严重性,因此想方设法调动社会资源为自己城市的建设与发展贡献一些力量,比如,2007年,上海朱家角面向全社会展开的"'新江南水乡'公共建筑小品设计竞赛"；2009年湖北武汉市向全社会征集市内200个公交候车亭设计方案；2010年佛山市、黄冈市出巨资征集各自的城市小品设计方案、2011年上海陆家嘴金融区和上海市唐镇城市街具设施设计公开招标……可以体察到，国内一、二线城市的规划者正在与时俱进地汲取和借鉴国内外相关地区的城市公共环境设施设计及建设理念，用系统的规划设计来指导城市建设，推动城市发展。

本书以环境艺术设计与工业设计等交叉学科的理论成果和实践为指导，从城市意象角度研究具有城市特色的公共环境设施系统设计方法与理论。结合当前国家大力发展工业设计，鼓励高等学校开展基础性、通用性、前瞻性的工业设计研究的新形势，这一理论的研究有助于构建符合当代社会需求与时代发展的公共环境设施体系。

良好的城市意象感知要素如公共环境设施等，具有一种城市符号的形式意义，是城市发展的一个"文化动力因"，甚至能构成"城市文化资本"的意义，从而成为城市可持续发展的一种重要资源。目前，从城市意象的角度探讨特色化公共环境设施的研究寥若晨星，本书的理论意义在于为这一领域的研究与完善贡献绵薄之力。

另外，本书前言必须对一个问题作出说明，即为何选择景德镇市作为城市公共环境设施的研究和设计对象？

在我们看来，选择景德镇市作为可意象城市公共环境设施设计的研究对象，对我国城市发展的实际情况而言，更具备代表性和借鉴意义。根据2018年，160个品牌商业数据、17家互联网公司的用户行为数据和数据机构的城市大数据，第一财经·新一线城市研究所对中国338个地级以上城市进行的排名，我们做了一个粗略的统计：一线城市（北上广深）4个，在城市总数量中的比重是0.01%；一线、二线城市总计19个，占全国城市总量的0.056%。

19个前线中国城市在经济、文化、城市建设方面的成就无疑是值得称赞的，但是这些城市在中国城市总量中所占比例也无疑是微弱的。这些城市建设发展上的成功离不开特定的条件和先天因素，如经济基础好、政策条件得天独厚、一省乃至一国的政治中心……因此，这些城市在景观建设方面相对成功的经验也意义不大，它们对数量巨大的其他中小城市的景观建设、成就其文化软实力并不具备多少借鉴和模仿的价值。

中国城市化进程并不是只有一条确定的道路，同样，中国城市的景观建设也不能模仿和照搬发达城市的经验：砸重金、追求高大上和所谓的"国际化""时尚都市感"。只有沿着自己所擅长的轨迹，挖掘城市自身的文化，才能成为人们心目中那个特别的城市。

正因为少数发达的中国城市都各具优势，而大多数不发达的城市在政治、经济、地理位置上的劣势却大致相似，因此我们选择中国四线城市——景德镇，一座经济不发达、地理位置闭塞，但有可供挖掘的文化资源的小城市，作为城市公共环境设施系统化设计的研究对象，这个选择是基于对中国中小城市自身文化的尊重，力求探讨一条对经济相对落后、发展条件先天不足、景观建设相对薄弱的中小城市而言，具有一定借鉴意义的城市公共环境设施发展之道。

此外，城市区域化设施设计试验章节中，以景德镇陶瓷大学校园设施设计为例，虽有以点概面之嫌，但实则任何城市区域化设施，以至城市系统设施的可意象性设计都应该基于共同的设计思维与理念，遵循共通的原理和方法，因此，经一个试点仍然可以窥面。由于学识和时间所限，书中难免有不妥之处，恳请方家及学者批评指正！

杨玲

2018年5月于景德镇

目 录

C O N T E N T S

第一章

公共环境设施概述

现代城市设计是对城市环境的综合设计和管理。它作为一种改善城市环境品质和提高人类生活质量的有效手段，已经在欧美日等许多国家和地区的城市管理中得到卓有成效的实施。公共环境设施（以下或简称"设施"）是城市空间的要素之一，是现代城市设计的必须内容，也是城市形象构筑中不可缺少的一部分。国际著名的设计师沙里宁(Eero Saarinen)曾说："让我看看你的城市，我就能说出这个城市居民在文化上追求的是什么。"他还说："城市是一本打开的书，从中可以看到它的目标与抱负。"城市公共环境设施数量多、分布广，与大众的日常生活关系密切，在实现其自身功用的同时，与建筑一同展现着城市的特色形象与风采。

　　21世纪的城市正面对着由政治、经济、科技、社会、文化及教育等因素所带来的重大转变，其设计目标与理念已经从满足人们生活基本功能朝着改善与提升城市整体环境品质的方向发展。在这种时代背景下，满足人们各种生活需求的公共环境设施也就不断丰富、发展并日益呈现出其重要性，研究公共环境设施对城市景观品质的作用，及其作为文化软实力对城市经济发展的影响也就具有十分现实的意义。

第一节　公共环境设施的概念及其学科背景

1. 公共环境设施的概念

"公共环境设施"这一词汇产生于英国，英语为Street Furniture，直译为"街道的家具"，类似的表述还有城市装置（Urban Furniture）、城市元素（Urban Element）；在日本则表述为"步行者街道的家具"或者"道的装置"，也称"街具"，在我国也会将其称作"环境设施""公共设施"等。它泛指放置在公共环境中，具有特定功能，为环境所需要并有一定艺术美感的人为构筑物。

公共环境设施不是现代的发明物，它们的雏形早在城市形成的时候就存在了。世界各地自古以来从不缺少这类人为的构筑物，比如中国古代社会屡见不鲜的石牌坊、牌楼、拴马桩、华表、水井等公用设施就反映了古代人们的生活需要（图1-1）。国外的考古学家在古罗马城市的遗址中，也曾发现喷泉、墙面招牌等功能各异，能

图1-1　宋代画家张择端的现实主义长卷作品《清明上河图》，真实描绘了北宋时期京都汴梁的繁荣景象，向我们展示了一帧帧古代中国社会风情的场景

够满足当时人们生活需求的公用设施。有着"沙漠之都"之称的埃及古城开罗，则拥有着悠久公共饮水设施的历史，有效地解决了当时当地人民的生活用水难题（图1-2）。由此可见，尽管古代东西方各国地域、文化不尽相同，但一系列的人为构筑物早已在古代人类的社会生活中立定生根，扮演着重要的角色。

图1-2　开罗是一个有着悠久公共饮水历史的城市。那里的公共饮水建筑精美、装饰考究、布局合理，多为颇具特色的伊斯兰建筑

现代意义上的公共环境设施被赋予了更多的时代意义，其概念无论是在内涵上还是外延上都有了崭新的内容。我们从人类生活的私密空间和公共空间展开分析，住宅中，屋顶、墙壁、地面、各种室内家具和设备构成人们居住生活的私密空间，作为社会构成的分子，人们自觉将其生活方式由室内向外延伸，融入社会。虽说室内、外环境具有不同的条件，但人们的生活要求基本上是不变的，比如室内使用的各式灯具，在室外也是不可少的；室内的沙发椅，在室外成了长椅；室内的座机，变成了室外的电话亭；室内挂在墙壁上的地图，在室外则作为地区区域、位置的引导牌；室内的吊兰、盆栽在室外以树池、花坛的形象出现；而室内墙壁上的挂钟则成了室外的钟楼、钟塔，成为城市的地标，这一一对应的设施，清楚地表明了室内的家具、装置与室外的公用设施之间的相互联系。由人们私密空间的生活经验引发的联想，促成了公共环境设施的发展，为人们展开室外的城市公共生活提供了物质条件和基础。（图1-3—图1-7）

同时，由于室内、外环境的巨大差异，公共环境设施在具体内容上、在设施的精度和质量上，以及广泛的适应性等方面与室内的家具和装置相比又不尽相同。公共环境设施以人们的安全、健康、舒适、效率的公共生活为目标，产生的设施种类远远多于室内生活所需的装置。由室内迈向室外，也使得公共环境设施必须与各种室

图1-3　室外照明与室内照明

图1-4　室外坐具与室内沙发

图1-5　室外植物景观与室内绿化

图1-6　室外饮水器与室内饮水器具

外气候条件、自然因素、社会因素以及人们的各种行为习惯等相适应、协调，这些都对其在质量和形象上形成更大的考验。

　　公共环境设施为城市提供了便捷舒适的功能服务，也是城市形

图1-7 钟楼与室内石英钟

象的重要组成部分。有着城市细节之称的公共环境设施数量庞大，并且与人们的日常生活和行为接触紧密，它所带来的视觉品质直接影响到人们对城市形象的认知和评价。目前，随着我国城市化进程的加快，公共环境设施产品也开始工业化大批量生产，但设施设计中对地域文化考虑的缺失，使得大部分城市及其街区的各种公共环境设施均呈现出大同小异，甚至千篇一律的势态，这便加重了当下城市风貌趋同的现象与特色流失的城市发展危机。

2. 公共环境设施的学科背景

公共环境设施设计是伴随着城市的发展而形成的融环境艺术设计与工业产品设计于一体的新型环境产品设计，公共环境设施既具有环境艺术的特征，又具有产品的特征。

2.1 公共环境设施的环境性

我们仅从"公共环境设施"这一概念表述来看，就能够知道公共环境设施与环境艺术学科有着紧密的关联。事实上确实如此，公共环境设施设计的学科构成及其知识背景基本立足于环境艺术设计。作为城市环境的细部设计，公共环境设施设计是城市环境规划设计的延续，与环境的协调性也是公共环境设施的重要设计原则之一。公共环境设施具有非常鲜明的环境特征，这主要表现为以下几个层次：

首先，个体的公共环境设施，如单个公共座椅、单个饮水器、单个公共电话亭、单个垃圾箱等的设计，必须与其周围的环境相融合，而不能仅为凸显设施本身，从而与环境发生冲突。

其次，个体公共环境设施之间的协调关系也需要考虑，如公共座椅与环境照明之间的相关性，水景与景观雕塑的呼应关系，坐具与垃圾箱的距离及其配置数量的关系等。从中也可体会，公共环境设施确实是城市环境功能的延续与细化。（图1-8）

最后，系列公共环境设施作为一个整体，放置在同一环境区域，必须根据环境的性质、建筑的风格、地域特征、人流量以及使用者的具体情况等综合因素展开设计。（图1-9）

除此之外，人们在公共环境中的心理特点和行为特点也是公共环境设施设计需要重要考量的内容。

2.1.1 环境心理学与公共环境设施设计

环境心理学是在应用中产生的，研究人与环境的关系及其相互作用的一门科学。环境心理学有两个目标：一是了解"人—环境"的相互作用，二是利用这些知识来解决复杂和多样的环境问题。这门科学感兴趣的是人们如何去了解他所处的实际环境，这些实际环境对他产生了什么样的影响，并且作为结果，人们对所处的环境又做了些什么。具体的研究内容概括如下：

（1）环境和人类行为的关系。

（2）人们怎样认知环境。

（3）环境和空间的利用。

图1-8　坐具与垃圾箱设计在造型、色彩和材质上相互协调

图1-9　普通公园一角的系列公共环境设施设计，适用而简朴

（4）怎样评价环境。

（5）在已有环境中人的行为和感觉。

以上研究的目的在于理解和揭示什么样的环境设计是适合人们生活、生产和学习的，在创造人工环境时应注意哪些方面，以及帮助人们如何利用环境中的各项线索来达到自己的目标，并借此促进人与环境之间的良性的互动过程。因此，环境心理学对从事包括公共环境设施设计在内的环境设计工作具有很好的启发意义和指导作用。

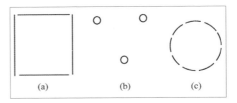

图1-10

环境心理学对设计公共环境设施的启发性在于：

（1）公共环境设施设计必须符合人的认识特点及其规律性。

以"知觉"为目的。根据环境心理学的研究成果，人的知觉具有如下基本特征：

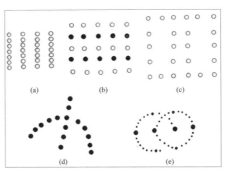

图1-11

① 整体性。在知觉时，把由许多部分或多种属性组

图1-12

成的对象看作具有一定结构的统一整体的特性。影响知觉整体性的因素：接近、相似、封闭、连续、美的形态。（图1-10—图1-11）

②选择性。在知觉时，把某些对象从背景中优先地区分出来，并予以清晰反映的特性，比如人的视觉倾向于将图形看作被包围的较小对象，背景是包围者的较大对象。（图1-12）

③理解性。在知觉时，用以往所获得的知识经验来理解当前的知觉对象的特征（语言的指导性）。（图1-13）

④恒常性。知觉的条件在一定范围内发生变化，而知觉的印象却保持相对不变的特性（比如大小/形状）。

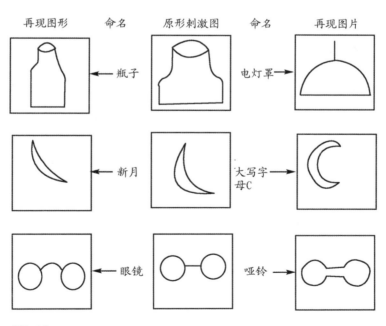

图1-13

⑤ 错觉。对外界事物不正确的知觉。（图1-14）

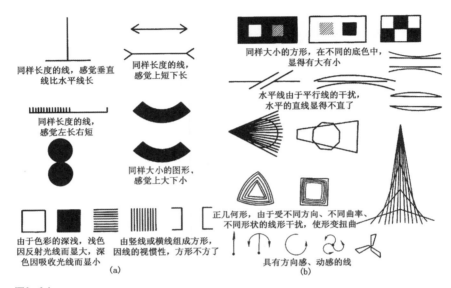

图1-14

只有认真研究人的经验、需要、兴趣、情绪和个性，以这些心理研究成果来指导设计，才是科学有效的。

（2）公共设施设计必须研究人的情感与意志。

研究人的情感与意志也是心理学的范畴。人是有情感的实体，人的情感是由一定的客观事物引起的。设计的精神功能就是要影响人们的情感，乃至影响人们的意志和行动。要设计出人性化的公共环境设施，研究人的情感过程和意志过程的规律，研究公共设施设计的各种手段对人的情感过程和意志过程所产生的影响和作用都是相当重要的。

2.1.2 环境行为学与公共环境设施设计

环境行为学也被称作环境心理学，其实它的研究范围比环境心理学要窄，更注重环境与人的外显行为之间的关系和相互作用，因此，其应用性也更强。环境行为学力图运用心理学的一些基本理论、方法与概念来研究人在城市与建筑中的活动以及人对这些环境的反应，由此反馈到城市规划与建筑设计中去，改善人类生存的环境。环境行为学对环境设计的领域如城市规划、建筑设计、公共环境设计等的理论更新起到了一定的作用，设计师掌握了这些必要的知识，对其设计活动有直接的指导作用。

人在公共环境中，其心理与行为尽管有个体之间的差异，但从总体上分析仍具有共性，仍具有以相同或类似的方式做出反应的特点，这也正是我们运用环境行为学的研究成果指导环境设计的基础。以下是几个在环境设计中使用频率较高的环境行为学（或环境心理学）的知识点：

（1）领域性与人际距离。

所谓领域，就是人或动物所占有并形成一定控制的空间范围。

领域性原是动物在环境中为取得食物、繁衍生息等的一种适应生存的行为方式。在社会日常生活中，个人或人群为了满足某种合理需要，往往也有要求占有或控制一个特定的空间范围及空间中所有物的习性。

关于个体的领域性，每个人都有亲身体验：在电线上停歇的小鸟，各自都保持一定距离；坐公共汽车时，很少有人不去坐两个都空着的座位而去与陌生人并肩而坐；顾客在餐厅中总是尽可能错开；在公园里如果还有空的座椅，就没有人愿意夹在两个陌生人中间……（图1-15—图1-16）

领域的主要功能是为个人或人群提供了对空间的控制。在日常生活中，个体的领域通常是隐含不显眼的，但每个人都拥有它并使用它，人们通过与他人保持一定距离，来调整与他人交往的程度。

图1-15　电线上休息的小鸟之间自动保持距离

图1-16 休息的陌生人之间自动保持距离

表1-1 社会距离(源于爱德华·T·霍尔的《隐匿的尺度》)

社会距离		
亲密距离	0—0.45米	一种表达温柔、舒适、爱抚以及激奋等强烈感情的距离。
个人距离	0.45—1.3米	亲近朋友或家庭成员之间谈话的距离。
社会距离	1.3—3.75米	朋友、熟人、邻居、同事之间日常交谈的距离。
公共距离	大于3.75米	用于单向交流的集会、演讲,或人们只愿旁观无意参与的距离。

当然，对于不同民族、宗教信仰、性别、职业和文化程度等因素，人际距离也会有所不同。公共环境设施在设计上应适当考虑各种潜在的领域距离，从而满足人们不同程度的社会交往模式。

（2）依托的安全感。

经过观察和体验可以发现，生活在公共环境中的人们，从心理感受来说，并不是越开阔、越宽广越好，人们通常在大的空间中更希望有可"依托"的物体存在。例如，在城市广场中停留时，人们倾向于选择坐在广场的边缘而不是中间空旷的地方，比如待在树木旁边或是花坛旁边。原因在于：人们既希望能够清楚地观看到广场上的景色和流动的人群，但又不希望自己也成为广场上的景色受到众多目光的注意，而边界的位置能够最大限度地避开人流行动路线的影响，当人们坐在广场的边界时，眼睛照顾不到的背后有建筑物或其他隔断遮挡，对人们形成一种心理上的依托，从而使我们可以放心地观看正面的事物。了解了人们心理对安全感的需要，我们在公共环境设施的设计和组合布局上，就要尽可能地满足人们有物可依的这种心理需求。（图1-17）

（3）从众心理。

指的是个人受到外界人群行为的影响，往往会在自己的知觉、判断、认识上表现出符合公众舆论或多数人的行为方式。比如商场

左图人群位置的平面布局图

图1-17 小广场中受休息人群欢迎的"边界"

的柜台旁人头攒动，无论我们是否真的需要，大多数人都愿意上前看个究竟，甚至跟风买上一些商品；车站内发生紧急事故需要紧急疏散时，人们往往会盲目跟随人群中几个领头人急速跑动的方向跑

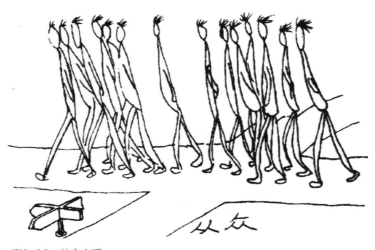

图1-18 从众心理

去，并不确定其去向是否安全等，以上人们的行为均是受了从众心理的影响，了解了从众心理现象能够启发我们的设计思路，避免走入设计的误区。（图1-18）

（4）人的行为活动类型。

人们在户外的行为活动可以概括为三种类型：必要性活动、自发性活动和社会性活动。其中，必要性活动主要指人们从事的不由自主的活动，如上学、上班、等人等活动，换句话说就是各种事务性外出；自发性活动主要指人们有参与意愿，而且在时间、地点都允许的条件下从事的活动，如散步、呼吸新鲜空气、欣赏城市风景等活动；社会性活动主要指在公共空间中有赖于他人参与的各种公共活动，如交谈、聊天以及处于共同爱好的娱乐中。人们的这三种活动行为决定了人们对空间环境的依赖性不同，进而对公共环境设施的功能性质等方面也提出了多样的要求，这些要求往往可以作为设计的引路石。

公共环境设施的设计过程中要对城市的地域特征、人文风貌、环境整体规划、人们的生活方式等环境因素予以充分重视，并在设计中得以体现，这样才能设计出高品质的城市公共环境设施。（图1-19）

图1-19　日本新潟县船见公园的一部分座椅和引导牌、痰盂、引水器等设施都设计成了类似
　　　　海港边供船系缆绳的矮柱的形状，使它们共同烘托出海岸和港口的环境主题

2.2　公共环境设施的产品性

　　除了从环境艺术学科的视角探讨公共环境设施设计外，公共
环境设施的产品特征同样不容忽视。如果无视其产品设计的学科特
征，就会对公共环境设施的易用性缺乏认知，从而使设计缺乏功能

的完整性。

城市之所以需要设置公共环境设施，其功能因素起到了"原动力"的作用。从产品的角度分析，家中的座椅、台灯或饮水器具——对应公共环境中的休息设施、照明灯具或饮水机，在功能上，每组的两者之间并没有很大的出入。在产品设计的视域中，每组产品只是针对不同环境，不同使用人群而设计的同类功能产品。公共环境设施是有别于私属产品的"公共产品"，是相对于居家器具而言的"城市家具"。

2.2.1 人机工程学与公共环境设施设计

从产品设计的角度出发，公共环境设施的设计也应该体现出现代化的工业产品特征，在诸多特征之中，首要的便是公共环境设施作为产品的功能性特征。作为产品，公共环境设施的设计首要考虑的就是其功能。准确定位公共环境设施的功能，必须对不同类型的公共环境中的人类活动形态进行调研，以此作为设计开发的依据。在公共环境设施的功能设计上，要充分考虑不同人的生理特点，尽可能满足人机工学的要求，达到实现功能的科学性。（图1-20）

人机工程学又称作"人体工学"或"工效学"，是第二次世界

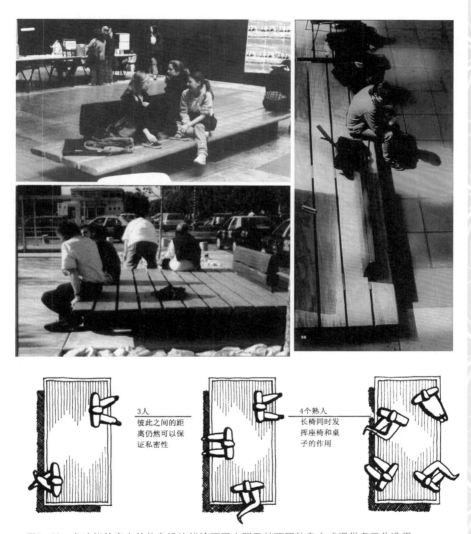

图1-20　多功能的宽大的休息设施能给不同人群及其不同休息方式提供多元化选择

大战后发展起来的一门新学科。第二次世界大战后，人机工程学被迅速运用到空间技术、工业生产、建筑设计等领域，成为设计中不可缺少的规则之一。

人机工程学以"人—机"关系为研究的对象，以实测、统计、分析为基本的研究方法。运用人体测算，生理、心理测算等手段和方法，研究人体结构功能、心理、力学等方面与公共环境之间的协调关系，以适合人的身心活动要求，取得最佳使用效果。人机工程学对公共环境设施设计具有科学的指导作用，主要体现在以下几方面：

（1）为确定使用设施的空间范围提供依据。

影响空间大小、形状的因素相当多，其中最主要的因素是人的活动范围以及设施的数量和尺寸。要确定空间范围，首先必须对使用这个空间的人数做大致的调查统计，每个人需要多大的活动空间，空间内有哪些设施，以及这些设施需要占用的空间大小等。人机工程学关注的内容包括不同性别的成年人与儿童在立、坐、卧时的平均尺寸，人们在使用各种设施和从事各种活动时所需空间的面积与高度。通过确定空间内的总人数，运用人机工程学的知识就能确定空间的合理面积与高度。

（2）为设计公共环境设施提供依据。

公共环境设施的主要功能是实用，无论任何设施都要满足使用要求。为满足使用要求，设计公共环境设施时必须以人机工程学作为指导，使设施符合人体的基本尺寸和从事各种活动需要的尺寸。

（3）为确定感觉器官的适应能力提供依据。

人的感觉器官对刺激物有一定的选择和体验阈限，什么样的刺激物是可以接受的，什么样的刺激物是不能接受的，刺激到什么程度才会被体验到，人的感觉能力有怎样的差异等问题也是人机工程学研究的内容。人机工程学从事实出发，既要研究一般规律，又要研究不同年龄、不同性别的人感觉能力的差异。人类视觉、触觉、嗅觉等方面的问题也很多，从人机工程学的思维方式和工作角度去研究和考虑这些问题，找出其中的规律，对于确定公共环境的各种条件如色彩配置、景物布局、温度、湿度、声音分贝的实际需求等对公共环境设施的设计都是非常必要的。

2.2.2 公共环境设施的其他产品性特征

（1）系统性。

城市的公共环境设施，虽然都能以单个个体作品出现，但它们不同于一般的私人个体产品，而应该是一个互相协调的系统。城市公共环境设施如未经过系统的工业设计，它们之间不可能体现出相互的内在联系，就会以各自孤立的形象占据着独自的空间。如果能从造型、色彩及功能等方面对这些公共设施进行系统的工业设计，那么这些相对独立的设施就会形成一张独具匠心的网，将整个城市有机地联系在一起，从而编织出该城市的色彩及风格特征，充分地显示出市政管理的内在水平和质量。

（2）装饰性。

通过造型、色彩、材料、工艺、装饰、图案等审美因素的设计构思，实现美化产品的目的，是工业产品设计的一个基本要求。公共环境设施是城市景观的组成要素，它的作用除了其本身的功能外，其视觉意象性直接影响着城市环境整体的规划品质，反映了一个城市的经济发展水平以及文化水准。

（3）经济性。

工业产品的设计离不开经济发展的因素。公共环境设施的设计也应充分体现产品生产、创造的经济性，这包括对材料和制造工艺的把握，例如通过批量化的生产规模来降低成本等。

公共环境设施设计在与环境艺术密切相关的同时，还具有不可忽略的产品属性。其知识构成既有环境艺术设计的成分，又与工业产品设计的研究领域相互交织。我们可以将公共环境设施设计理解为环境艺术设计导向下的工业产品设计，同样也可以理解成具有明确产品特征的环境艺术设计，以上两个专业在公共环境设施设计中得到了融合与衍生，两者对于公共环境设施的设计学习缺一不可，这便是公共环境设施设计的特殊性所在。

综上所述，鉴于公共环境设施兼具环境性和产品性的学科特征，为使其设计更加专业化，对环境心理学、环境行为学、人机工程学等相关学科知识进行系统的学习，以及研究人们的生理特点、生活习惯、行为方式特点、文化习俗等问题对公共环境设施设计具有极强的指导意义，它能够使公共环境设施被人们自然、舒适、方便、高效、安全地使用，成为人们户外公共生活的"工具"与"助手"，使人与环境处于和谐状态，这也是公共环境设施人性化的设计原则要求使然。

第二节　公共环境设施的分类与设计发展方向

1. 公共环境设施的分类

随着社会经济的发展，城市文明的进步，人们的生活价值观念和消费观念都发生着深刻的变化，人们对生存的环境质量有了更新、更高的要求。由此，在城市公共环境中出现了品种和类型越来越多的各种公共环境设施，如作为信息装置的指示牌、广告塔和标志，交通系统的公交站点、人行天桥，为了管理城市而设置了消防栓、电信柱，为了创造生态环境而进行绿化、喷泉设置等，这些品类丰富，具有时代感、艺术性、功能和形式相结合的公共环境设施为城市公共环境赋予了积极的内容和意义，改善了人们的公共生活质量，丰富和提高了城市景观的品质，并在城市环境中发挥着越来越重要的作用。

1.1 公共信息设施

随着经济的发展，现代城市生活的节奏也越来越快，为提高环境的舒适性和便利性，产生了大量的公共信息设施，它们在城市公共环境中的重要性也愈加凸显。这类具有娱乐性、导向性、引导性、识别性、规则性、解说性功能的公共环境设施，提高了社会信息传递的质量和速度，为人们的生活带来了更多的方便与机遇。公共信息设施种类繁多，包括以传达视觉信息为主的环境标识、广告牌以及以传递听觉信息为主的街钟、电话亭等信息设施。其他如人们在日常生活中接触到的邮筒、音响设备、信息终端、宣传栏等也属于公共信息设施的范畴。

1.2 公共交通设施

在城市公共环境中，交通设施是不可缺少的公共环境设施之一。围绕公共交通与安全问题的设施多种多样，其功能也各不相同，大到汽车停车场、人行天桥，小到公交车站点、自行车停放处、护栏、路障、台阶、坡道、通道等都属于公共交通设施。这类设施改善着城市交通环境的质量，增强了城市活力，同时也是评价一个城市的文明程度和经济发展水平的重要指标。

1.3　休息游乐设施

　　休息游乐设施主要包括公共休息设施、游乐设施和健身设施。在城市公共场所中，休息游乐设施是人们利用率最高的设施，其目的是满足人们的需求，提高人们在公共空间环境的生活与工作质量。常见的休息设施有椅、凳、凉亭、休息长廊以及各种提供休息功能的地形环境等，主要被设置在街道、小区、广场、公园、公共绿地等处，以满足人们歇脚、读书、交流、观赏等静态休闲活动的需要。休息游乐设施的设计要考虑到不同人群的生理特点，比如为儿童的专门设施在保障儿童安全的前提下，要能够将器械与儿童共同的特点与爱好联系在一起，使儿童体会交流、协作的群体的快乐。好的儿童游戏环境关键是能够掌握新时代儿童的心理特征和认知水平，能从儿童的角度去考虑，从而激发儿童自发地进行创造性游戏，在游戏过程中健康茁壮成长。

　　而老年人的专门健身设施的设计需要考虑老年人的记忆力、视力会减退，方向辨别感随着年龄的增加会降低，走路的平衡性会出现比较大的问题。因此，老年健身设施的设计应该强调色彩、大小、形象等的易辨别性，对老年人减退的生理机能给予补偿，比如运动器械使用说明要在器械旁边合理的位置用比较醒目的字体标出。同时，放置使用说明的载体也要选取比较耐用的材质，以防日晒、雨淋后变模糊，影响老人的辨识。另外，运动器械的开关、按钮都要用比较醒目的颜色标明等。随着我国人口老龄化现象的逐渐显现，关爱老人，重视老人的日常社交生活，给老人建立一个科学、有益的休息游乐环境显得尤为重要。

休息不仅是人体生理机能的必要休整调节，也是思想和情绪放松的需要。休息游乐设施的设计应充分体现社会对人的关爱，才能有利于人与人之间的相互沟通和交流协作。

1.4 商业服务设施

随着人们对城市公共环境质量要求的提高，提供各类商品和服务的设施，如售货亭和自助设施等，已成为我们城市公共生活中不可缺少的公共环境设施。售货亭包括各类小商品售货亭、报刊亭、花亭、售票亭以及问询处等。自助设施是随着计算机技术及网络技术的发展兴起的，比如各种功能细分的自动贩卖机和各种自助服务设施等，它们使当代人的生活变得前所未有地丰富和高效。

1.5　公共管理设施

随着城市的发展，城市中具有管理功能的公共环境设施日渐增多，如通风口、采光口，城市中的水塔、罐体、冷却装置，以及路面井盖、树池箅等，这类设施在日常生活中不怎么被人们关注，但略加用心设计，便可成为一道道城市风景线。

比如通风口和采光口，作为建筑的副产品，以往的通风口和采光口设计得非常简陋；但在今天，当通风口和采光口处理成为环境景观融入城市的总体形象中时，它们却屡屡成为吸引人们眼球的视觉宠儿，其独特性与建筑效果并置相得益彰，同时也为城市景观环境增添了时代的、地域的、可识别的艺术元素。（图1-21—图1-24）

图1-21　成组排列的金属柱状通风口，尽显现代风格

　　而城市中的水塔、罐体、冷却装置等由于所占空间大，功能性强，通常给人粗、硬、笨、重的感觉，是城市公共环境中难以处理的部分。我们可以借鉴通风和采光设施的成功经验，将其进行艺术化处理，改变这些功能设施简单粗陋的原始形态，使之也成为城市景观环境中和谐的一部分。

图1-22　巴黎街头景观雕塑般的通风口

图1-23　巴黎某小区地下空间的通风口，兼具小区入口导向标识的功用

图1-24　巴黎一组地下商业空间的采光顶棚，犹如此起彼伏的山峦，很有诗意

　　树池箅用于铺装树池的路面镂空部分，以此达到给树木浇水、施肥的功用。都市中树池箅的建筑材料及其平面图案的组合设计不断推陈出新，给我们以美观新颖

的视觉享受，装点着城市公共环境。

　　随着城市规划的发展，很多管道、线路逐渐由地上转向地下，使我们生活的城市日趋秩序、整洁，也由此出现了各种路面井盖。井盖作为公共环境设施的组成元素，在完成其功能的同时，也应该对它的造型、规格、材料、图形纹样等加以统一安排与设计。国内外不少城市在井盖的设计上颇花心思，取得了很好的效果，值得我们借鉴和学习。（图1-25）

图1-25　日本北海道阿寒湖地区地面井盖景观

1.6 公共照明设施

随着现代城市的高速发展，夜间照明成为城市规划和景观建设的一项重要内容。夜间照明不仅可以保障夜间交通安全，提高夜间交通效率，还是营造高质量的现代都市夜间景观的重要手段，同时也是公共环境设施体系的组成部分。目前，公共照明设施主要有道路照明设施、商业街照明设施、庭园照明设施、广场照明设施等，由于照明设计是一门专业性很强的学科专业，本书便不多赘述。

1.7 公共卫生设施

公共卫生设施是用于保持市政卫生清洁，满足人们户外生活对卫生需求的一类设施，主要包括垃圾箱、雨水井、饮水器、公共厕所、垃圾回收站等。此类公共环境设施的设置需要与排水、供水等系统联合组织实施，应尽可能做到使用者和管理者的相互配合。本书后面章节将对个别常见的公共卫生设施的设计做详细探讨。

1.8 公共配景设施

配景属城市景观设计范畴，是城市规划设计不可分割的一部分，随着我国公共环境设施的蓬勃发展，配景设施的重要性日益凸显。作为城市景观环境的组成要素，可将其分为硬质配景与软质配景，景观雕塑、建筑小品等由各种人工要素构成的属于硬质配景设施，具有自然属性的绿化、水景等则属于软质配景设施。

景观雕塑主要指的是户外公共环境的雕塑艺术品，这类雕塑以其实体的形体语言与所处的空间环境共同构成一种表达生命与运动的艺术作品，不仅反映着城市精神和时代风貌，还具有表现和提高城市空间环境的艺术境界和人文境界的重大意义。它们通常设置于公共空间重点部位或视线的焦点处，以形成空间环境的主体。景观雕塑一般有其特殊的结构，有的还兼具一定的功能性的景观性特征。景观雕塑有独立放置的，也有与绿化、水体和灯光配合形成一组环境景观的，加强了环境的特征性和生动性。

植物景观是指自然界的植被、植物群落、植物个体所表现的形象以及人为艺术化创作的植物作品，给观者带来的美感享受和联想，具有维持生态平衡、美化城市环境的作用，城市公共环境中的植物景观主要有树池、花坛、种植器、绿地等，它们是体现城市公共环境生命力的重要元素，并能增强人们的自然生态意识。

　　公共环境中的水景包括自然状态的水体和人工设计的水体两大类。经过人为艺术处理的水景能更为凝练地表达出理想的构图和意境，不同形式的水景需根据环境的特点而配置，它们往往是公共环境中最聚人气的景观元素。水景在形、色、声三方面均能产生不同效果，它与绿化、雕塑等环境设施相结合，使其更具艺术性和文化性。近年来，随着电控科学和计算机技术的进步，水的流向、动态节奏与声音、光的组合能实现更多、更美好、更壮观的艺术体验，极大地丰富了城市的公共环境景观。

1.9　无障碍设施

　　无障碍设施就是确保残疾人、老年人及其他行动不便的社会弱势群体都能够安全、方便、自主地完成使用的一类公共环境设施。针对无障碍设施的功能性质，一般将其分为无障碍信息设施、无障碍交通设施和无障碍卫生设施。它们为生活、活动受限制者或丧失者提供和创造能平等参与社会生活的便利条件。无障碍设施的设计需要对社会弱势群体的不同生理特点和心理特点有详细的了解和分析，设计中需要参考大量的人机工程学数据和资料，当然最为重要的是有一颗充满人文关怀的"设计师之心"，一个设计成功的无障碍设施，应该是能够方便健康人、老年人、残疾人共同使用的设施，消灭设计中隐性存在的"不平等"和歧视。

2. 公共环境设施的设计发展方向

公共环境设施是伴随着城市的发展而产生的街道景观小品，它们犹如城市的家具，公共环境设施是城市不可缺少的构成元素，是城市的细部设计。公共环境设施设计的主要目的是满足公共环境中人们的生活需求，方便人们的行为，提高人们的生活质量与工作效率。公共环境设施是人们在公共环境中的一种交流媒介，它不但具有满足人们需求的实用功能，同时还应具有很高的审美功能，是城市文明的载体，对于提升城市文化品位具有重要的意义。

在发达国家，公共环境设施设计与城市建设是同步发展，并配套成体系的，相关的法规、政策制定也比较完善，如法国巴黎的城市建设从不忽略细节设计，非常重视公共环境设施的设计与制作，并且城市环境设施设计与建设的文脉传承清晰可见，所以巴黎处处都使人感到非常精致耐看，并极大地方便了人们的生活，使城市富有活力。

近些年来，我国的城市建设飞速发展，与之配套的设施也日渐齐全，但存在的问题也较多，同发达国家相比，无论是开发的广度还是深度、设计的形式和制造工艺水平，都相去甚远。开发的面也较窄，品种单一，还没有专门的设计与科学研究人员来从事这一课题的设计研究，管理方面也不尽如人意，缺乏相关的法规与管理制度，所以公共环境设施设计处于一种杂乱无序的状态。由于没有训练有素的专业设计人员来设计，所以形式陈旧单一、设计不到位、不成熟、缺少创意。工业化的技术手段的落后，也制约了公共设施设计的发展。比如工厂加工成本高，工艺粗糙没有形成标准化、构件的互换性等。

基于此，我国目前公共环境设施设计与城市的迅猛建设发展无法匹配，专业设计与技术人员匮乏，理论书籍较少，研究人员严重不足，相关设计研究工作亟须展开。

公共环境设施的设计、施工和使用反映出一座城市的经济发展水平、文明程度、文化底蕴、市政管理水准以及市民的素质修养。因此，其设计不能停留在浅显的表面层次上，应理解为包含在文化形象中的城市空间景观，需与时代发展相适应，进行高品质、高层次的设计与运用。伴随着城市的发展，公共环境设施的发展趋势可以归纳为以下几点。

2.1 生态化

提倡生态设计观念，就是要以适当的设计来引导人们进行绿色消费、适度消费，要综合当代的各种科学技术条件，重新考虑人与环境之间的相互关系，使人与环境形成有机的平衡，实现可持续发展的长远计划。在公共环境设施的设计中，我们可通过设施的组织与设计来改进地区小气候，或充分运用可再生的环保材料等途径，在满足城市景观规划原则要求的前提下，使公共环境设施设计具有可持续发展的前景。21世纪的今天，环境资源保护的思想越来越深入人心，生态原则将更多地成为公共环境设施设计中的考虑部分，并成为其发展趋势之一。（图1-16）

2.2 多元化与专业化

不同阶层、不同年龄、不同生理特点的人在不同的场合对公共环境设施有着不同的需求，这使得公共环境设施设计已从传统意义的休息座椅、喷泉等单一产品模式向共用性更强的多品种、更加专业化方向发展。如自助售货设施已由单一的自动饮料机发展出自助售票机、自助售烟机、自助提款机、自助卖报机以至自助快餐机等更多品种的专门化自动售货设施。同时，新的产品发明也带动了与之配套的新公共环境设施的开发，科技的发展则为公共环境设施由单一走向多元与专业提供了技术条件，比如电话的发明，通信业的发展促发了公共电话亭的开发设计需求，而计算机术的日新月异则保证了更丰富多样的智能化服务设施的诞生。而且随着时代的进步，人们生活需求的发展，新的环境设施还将不断出现，多元化与专业化也将成为公共环境设施的发展趋势。

2.3 智能化

每一次的技术进步都给世界的各个领域带来巨大的变革，设计领域更是如此，公共环境设施设计也是伴随着一场场的科技变革而不断地发展，进一步地向智能化迈进。计算机技术及网络技术的发展带动了自助系统的兴起；因特网接头设备使人们能够随时与远在千里之外的合作联网对象进行联络沟通；在银行、候机大厅等入口处采用生物识别系统协助验票，管理者不用花很长时间仔细对持证人员进行照片审核，也不用担心有人将证件出借或遗失。技术的进步为智能化的公共环境设施设计提供了生产的条件，使科幻故事中的场景变成现实，设施的智能化大大提高了人们的工作效率，使我们的生活更加丰富便捷。

2.4 艺术化与景观化

艺术化与景观化是指公共环境设施以其形态、色彩和数量对城市公共环境起到衬托和美化的装饰作用。它包含两个层面的意义：一是对公共环境设施做单纯的艺术处理；二是指公共环境设施要与周围环境特点相呼应，起到渲染环境氛围的作用。比如路灯在批量生产中，尽管可以做到材料精致、尺度适中，但当放到某一特定的城市或街区时，它们还要能够传达这一地区环境的地域文化特点。公共环境设施的设计不能仅限于满足功能需求，艺术化与景观化也将成为公共环境设施的一种发展趋势。

著名建筑大师密斯·凡·德·罗曾说过："建筑的生命在于细部。"而公共环境设施作为城市规划、建筑设计、环境景观设计中的一项细部设计，其重要性同样不可忽视，它对于整个空间环境形象的影响力正日益得到人们的重视。公共环境设施的设计品质与设置齐全与否，直接体现出该空间环境的质量，更表明了一个城市的物质与精神文明发展程度、艺术品位与开放度。我国正处于全面开发、经济发展的重要阶段，需要在正确认识公共环境设施的重要性的同时，也把环境设施与城市建筑一样列入城市规划和建设之中，以求确立城市的整体形象。

第二章

公共环境设施的
设计原则与理念

第一节　公共环境设施的人本化设计原则和与环境协调设计原则

公共环境设施作为空间环境的一个重要组成部分，其形式和内容的确定与设计，取决于多方面的因素，需要遵循一定的原则，比如人性化原则、与环境协调原则、经济原则、安全性原则、功能与形式美原则等，在众多的设计原则之中，体现使用者对设施功能、性质、内容、风格的要求等的原则，即人本化设计原则，是公共环境设施设计应该遵循的重要原则之一；同时，基于其环境的属性，设施与所处空间环境的地域条件、历史背景、文化传统和民俗习惯等的关联性、设施与设施之间的统一性问题，即与环境协调性，是设施设计应遵循的另一重要原则。

1. 公共环境设施的人本化设计原则

我国的公共环境设施设计起步较晚，由于它与市政规划建设、市民户外生活质量、景观环境质量等的关系密切，因此越来越得到人们的关心与重视。

　　与其他设计门类相同的是，公共环境设施的设计过程同样需要考虑作品的艺术语言（包括形态、颜色、材质肌理、表达方式以及风格）、语意（设计作品所要表达的主题或含义）、语境（设计所依托的文化历史背景和作品所在的物质空间环境）等问题。在设施设计过程中，除了考虑造型诸要素、自然人文环境影响、风格与主题等问题外，在实现其功能性的过程中，特别要充分考虑人的各种相关因素，从中能体现出以人为中心的人本化设计的本质。然而，不同类型的公共环境设施设计除了遵循常规的设计思路、方法和设计流程外，根据其自身的特殊性，在设计过程中还需要具体问题具体对待。

　　以下我们以公共休憩设施为例，详细分析和说明人性化原则在公共环境设施设计中的体现与运用。

　　公共休憩设施是一类人的身体和行为需要与之进行亲密接触的公共设施，以人性化为设计原则的公共休憩设施设计要考虑到人的生理特点、心理特点以及环境行为等方面的特点，以这些考虑为基础的设计，一方面能充分实现公共环境设施的功能性；另一方面也能为设施设计提供设计指引和方向。

1.1　人的生理需求与休憩设施设计

　　大多数人的休憩姿势主要有倚（靠）、坐、躺（卧）几种，不同的休憩姿势有着不同的人类生理特点，针对人们不同的休憩姿势对症下药，休憩设施自然也就会有不同的造型和特征。同时，能够实现不同休憩方式的休憩设施，也能够满足不同需求的休憩者，从而增强环境活力。

坐姿

坐姿是人们在城市公共空间中使用最普遍的休憩姿势。影响休憩座椅设计的人体工程学方面的最基本因素有三：一是椅面的水平高度维持在38~41cm的范围内，能实现人的基本坐姿；二是椅面的设计要能够科学、合理地分布人们坐下时大腿及臀部承受的压力，即椅面的设计使人们的体压重点落在感觉比较迟钝的臀部坐骨结节部位，如图2-1所示大腿及臀部对椅面的压力分布；三是同时充分利用靠背，帮助躯干保持脊椎呈"S"形（站立）

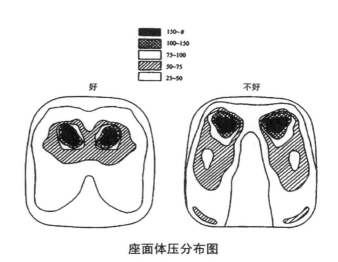

座面体压分布图

图2-1　大腿及臀部在椅面的压力分布

时，体压分布的自然状态，即靠背的设计最好在座位基准点以上21~25cm处，也就是人体第四腰椎的位置（大约在腰带处）给予身体一定的支持。只要对人体的三个关键点（臀部两个坐骨结节和第四腰椎）给予适当的支撑，即使造型再简单也可以很好地实现坐的功能。

靠姿

靠的姿势介乎于站姿与坐姿之间，其实质是通过支撑臀部的坐骨结节，来使人体上身的部分重量从双腿转移到休憩设施上。提供倚靠功能的休憩设施能满足临时、短暂的休憩需求。这类休憩设施虽然不太正式，但作用却不小。一方面它们在某些拒绝人群停留，不适合设置座椅的场所，比如在人流穿梭的地铁站，可以用来满足城市公共空间中人们的突发性休憩需求，如图2-2所示；另一方面由于这类休憩设施结构简单，体量小，即使闲置也不会觉得太浪费空间，和周围环境的兼容性也较好，造价也相对便宜。

躺（卧）姿

躺与卧的姿势，其实质是将身体重量平均分布到全身上，从而最大限度地放松全身。我们知道平坦的座面不适合坐姿，与之不同的是，躺（卧）姿要求设施的座面比较平坦，而且有足够的宽度（约40cm以上）。图2-3由于躺或卧的姿势会占用较大的休憩设施面积，影响他人的使用，还可能破坏某些场合的气氛，并且不利于管

图2-2 地铁站这类人流量大、不鼓励人们做过多停留的场合，结构简洁，空间占有量小的靠具能满足人们突发性的休息需求

图2-3 奥地利维也纳现代艺术博物馆前广场上为人们准备的卧具

理，因此，并不是在任何场合下都适合设计躺或卧的休憩设施。

然而在一个足够放松、惬意的环境氛围，如能设置一些躺或卧的休憩设施，则是非常体贴的，人们在躺与卧的时候，心理防范也是最低的，如果人们能以躺或卧的姿势在城市公共空间进行休憩，这也说明该城市环境具有足够的亲和力。

1.2　人的心理需求与休憩设施设计

亚伯拉罕·马斯洛从人本主义的立场出发，提出了著名的"需求理论"。他将人的需求从低级到高级分为呈金字塔状的五个层次：生理需求、安全需求、归属感和爱的需求、尊重的需求、自我实现的需求。其中，除了生理需求之外，其他的四项需求都蒙上了很大程度的心理需求色彩。因此，在公共休憩设施的设计中发掘、尊重并满足人的心理需求，其重要性也是不容置疑的。

人在公共空间的休憩心理十分复杂，并且会因个体而产生差异。人需要庇护和阴凉；需要瞭望，看别人而不被别人看到；人需要安全，需要领地，需要有掌控环境的能力；人要交流，要被人关注，同时喜欢关注别人……

要创造尊重人们休憩心理的公共休憩设施应该尽可能做到以下几点：

（1）设施的设置点应安置在潜在使用者能看到，易于接近的边界位置。这是因为，边界的位置能够最大限度地避开人流行动路线的影响，而且，当人们坐在公共空间的边界时，背后的建筑物或隔断会给人带来被庇护的心理暗示，从而使人可以放心地观看眼前的景色和流动的人群。

（2）休憩设施的配置能满足人们各类交流尺度的需要。个人或人群为了满足某种合理需要，会有占有或控制一个特定的空间范围的要求。每个人都拥有这种习性，人们通过与他人保持特定的距离，来调整与他人交往的程度。公共休憩设施在尺度上的设计应当考虑人与人之间各种潜在的领域距离，从而设计满足人们不同程度的交往模式需求的设施配置。

（3）休憩设施的设计融入一些使用者可以控制或改变的要素。比如可以移动，或有多种使用形式可供选择的休憩设施。

1.3 人们的户外活动类型与休憩设施设计

前面我们介绍过，人们在户外的行为活动可以概括为三种类型：必要性活动、自发性活动和社会性活动。人们的这三种活动行为的各自特点决定了人们对空间环境的依赖性不同，因而存在即便同样是休憩设施，也会有设计侧重不一样的情形。

例如，必要性活动中发生被动的等候过程很有可能，比如上班族在车站等候公交车。从事这类活动时，人们的休憩时间较短，通常是等待的目的实现后，休憩行为就立即结束。然而，这类活动环境中的休憩设施的使用率往往并不低，针对人们的这类活动，休憩设施需要有简单、经济、适用的考虑，比如前文提到的，能够给人体三个关键点给予支持的设施形式。

自发性活动往往没有过分的时间限制，人们在活动中都有驻足、小憩、饮食的可能，并且景色宜人或有活动发生的环境，还能够延长自发性活动的时间，从这一角度看，对人们的这类活动，休憩设施要舒适，特别是要选择合适的环境来布置，如图2-4所示为英国甘翠州立公园里的两倍宽的休闲躺椅。

图2-4　英国甘翠州立公园加宽的休闲躺椅吸引游客享受日光浴或者观星

而人们的社会性活动往往充满着小群体、大集体的交流与活动。在这种类型的活动中，人们的停留时间更长，休憩设施的使用通常伴随着活动的整个过程。因此，休息设施的布局应该朝着有利于各种规模人群之间相互交流的方面考虑。

通过分析人们在不同户外活动类型中的不同行为方式、行动习惯，来策划并确定环境设施所采用的基本形式，从而满足人们多元化的需求，这也是公共休憩设施人本化设计体现的一个方面。

人本化的设计思想是合乎时代发展要求的理性观念，公共休憩设施的人本化设计就是要体现出对人的关怀，充分考虑人的生理需求和心理需求，以及人们的环境行为特点等。以功能为重要设计目的的公共休憩设施，其实用性也决定了设计需求对人予以充分的关注，只有在充分考虑到人的因素后，才能在设计中处处从方便人们的行动入手，才能设计出真正适合人的休憩设施，从而体现"以人为中心"的设计思想。

研究并尊重人的各种需求，把解决人们在城市户外生活中存在的各种问题作为公共设施设计的出发点和目标，不仅能使该设施给人们带来最大的便利和满足，还能为设计过程打开思路，成为设计活动的突破点。更重要的是，优秀的公共休憩设施能为人们各种户外交流活动提供引导，有助于帮助人们形成良好、健康的户外生活习惯，从而营造生动、富有活力的城市公共空间环境。

2. 与环境协调的设计原则

公共环境设施是空间环境中的组成要素，它与所处的空间环境之间有着极为密切的依存关系。设施在造型、材质和色彩等的设计上都与周边环境相协调，尽量体现地方区域特色。公共环境设施所处的环境包括自然环境、人文环境和社会环境，这些均对环境设施有着非常大的影响，是进行设计时要认真考虑的外在因素。

自然环境是指由山脉、河流、森林、草原、平原等自然地理形式和风、霜、雨、雪、阳光、温度等自然气候现象等所共同构成的不以人的意志和存在为转移的生态系统。自然环境是人类社会赖以生存和发展的基础，对人类有着巨大的经济价值、生态价值，以及科学、艺术、历史、观赏等方面的价值。在环境设施设计与自然环境的关系中，应尽量立足于对自然生态的保护和对自然环境的体现上。

人文环境，是把人类的文化创造活动与空间环境设计活动的关系作为一个整体来进行考虑，从而得出的一种文化生态系统的结构模式。公共环境设施通过其外在的造型形式和内涵来表达自身的文化形态，反映和体现特定的区域、特定的环境、特定历史时期的文化积淀，从而形成了城市中文化、空间、设施与人之间的多层次、相互交织、生动丰富的人文结构景观。

社会环境是指由社会结构、生活方式、价值观念和历史传统所构成的"无形"的社会环境系统。公共环境设施设计时，既要了解社会需要与社会条件的关系，认识社会成员对公共环境设施的合理需求，以及在当时社会经济、文化条件下满足这种需求的可能性，又要分析空间环境对公共环境设施的影响，考虑公共环境设施在空间环境中的效果，因地制宜，确立整体的环境观，具体而言，包括以下几个方面：

（1）与道路相协调。

公共环境设施的位置、尺度、造型、材料、色彩应该与周围道路环境协调统一、互相衬托，有机地融于城市道路景观环境之中。比如，在静态化的道路交通空间中，公共环境设施与道路绿化有机结合、互相协调就意味着设置公共环境设施时，要明确绿化的功能，防止设施数量过多或面积过大而破坏道路绿化的绿色景观。而在动态化的道路空间环境，比如商业街道中，公共环境设施的造型、材料、色彩等可以适当活泼、跳跃、非常态化，从而烘托出城市商业繁华的景象和城市独特的风景。

（2）与建筑物相协调。

公共环境设施的尺度、色彩、形态应与建筑物立面有机协调。其尺度不宜过大，不能分割建筑物原有立面、破坏建筑物原有使用功能、破坏建筑物顶部造型等；色彩宜以建筑物原色为基调，与之协调；形态宜按建筑物立面的要求进行选择，点缀、丰富建筑立面，与之形成整体和谐的视觉关系。

（3）设施之间的相互协调。

城市公共环境设施是一个庞大复杂的系统，在城市的物质构成中占据不容忽视的体量，这个系统本身就是城市景观的有机组成部分，是城市的艺术点缀，同时也是城市精神气质的展示窗口。在众多设施之间关系的处理上，要统一精心设计与安排，面积、尺度不能过大，要考虑主次关系，以避免喧宾夺主，同时又不能影响次要设施的功能使用。在设施高度密集，空间、面积又相对紧张的特殊公共空间，如公交站台，候车亭、休息设施、邮政信箱、电话亭、宣传栏、道路指示牌、车辆信息栏等服务于民的各种设施都需要考虑设置，但是站台空间往往不够使用需要，这种情况下，在综合考虑设施相互之间尺度、面积、色彩的和谐基础之上，可以考虑兼用、共用底座或支柱等设计形式来达到不影响设施功能与使用而又节省站台空间的目的。

第二节　公共环境设施的共用性设计理念

　　鉴于公共环境设施兼有产品学科特征与环境学科特征这个重要属性，其使用者势必与一般的私有性产品的用户有着根本的区别。与私有性产品相比，公共环境设施的使用群体广泛而复杂，它的性质是社会大众均享有平等使用权的"公共性产品"，因此，公共环境设施的设计应该能够满足不同使用者的某种共同需求，能够体现城市文明所提倡的平等、民主、通用精神，即遵循共用性的设计理念。

　　共用性设计（Universal Design），或译为通用性设计，是由美国学者Ron Mace于20世纪70年代最先提出的一种设计理念。目前，对于共用性设计较权威的定义是指：在有商业利润的前提下和现有生产技术条件下，产品（广义的，包括器具、环境、系统和过程等）的设计尽可能使不同能力的使用者（老年人、残疾人等）在不同的外界条件下能够安全、舒适地使用的一种设计过程。

　　共用性设计是在无障碍设计发展到一定程度（当人们发现无障碍设计的缺陷）时提出的一种新的设计理念，它们的理论基础都是人机工程学。

尽管无障碍设计的出发点是关怀照顾特殊人群，但其主要考虑的对象是特殊人群，因而容易下意识地把整个人群根据功能（残疾与否、残疾种类和残疾程度）分为不同的群体，然后根据不同群体确定不同的设计准则和要求，设计出对应的专用产品或辅助装置或专用空间。而这样的专用产品或专用设施，在为特殊人群克服生理障碍的同时，也剥夺了他们平等参与社会生活、平等享受现代文明的权利，给他们带来了新的心理障碍（图2-5、图2-6）。

图2-5　某市候机大厅的公共电话

共用性设计则把儿童、老年人、残疾人等弱

图2-6　某公共场所的卫生设施

势群体以及健全成年人作为一个整体来考虑，而不是分别作为独立的群体来考虑。共用性设计（Universal Design）的最大特征就是满足特殊人群需求的同时，方便普通人群。在其设计上掩饰其专为特殊人群的特殊考虑，消除特殊人群的自卑心理，使他们能够以与普通人群同样的心态接受这种产品。共用性设计强调所有人群的共同使用，没有区别、偏见或歧视。

无障碍设计的前提是弱势群体与健全人的区别，而共用性设计是要消除特殊人群和健全人在产品使用上的差异。共用性设计是对无障碍设计的发展和完善，它包含了无障碍设计对弱势群体的关爱，同时弥补了无障碍设计将特殊人群与大众分离的不足。

1. 共用性设计理念在公共环境设施中的运用

公共环境设施是城市空间不可缺少的构成要素，它不仅满足了人们在户外活动场所的休息、活动、交流等生活需求，还具有改善城市环境，点缀美化环境的作用。它增加了城市空间的设计内涵与时尚品位，已经成为城市文明的载体。在知识经济到来的今天，随着城市生活质量的提高，人们开始重视周围的公共环境设施，也逐渐对公共环境设施的应用形式和视觉心理感受等方面提出了更高的要求。

　　共用性设计理念是人机工程学"以人为中心"的设计理念的最高发展，20世纪90年代在北欧、美国、日本等发达地区和国家的产品设计、环境设计、通信等多个领域得到广泛应用和发展。公共环境设施作为融工业产品设计与环境设计于一体的新型环境产品设计领域，在我国尚处在初始阶段，无论是设计的指导思想还是设计开发的深度、广度都与国际前沿的发展水平有一定距离，它作为一门完善城市功能、造福于市民的设计门类，在其设计理念或设计的指导思想上也应该有必要积极导入更为人性化的共用性设计的观念。

　　设计师在进行环境设施设计过程中，要尽可能地避免为残疾人、老年人、儿童设计专用设施，事实证明，这些设施利用率相对较低却造价昂贵，相反，残疾人、老年人和儿童能与健全人共同使用的环境设施的利用率却很高。通过实际观察，高度在20~60cm的水平面都可能被休憩者当作座面加以利用，只是座面过低时，老年人在进行坐下和起身动作时会感到困难；而高的座面则可能不便于年幼的儿童使用。因此，在休憩设施一侧或两侧加上简易的扶手，助起身不便的老年人一把力或提供有高低大小不同的座面（比如母子座、亲子座等），来满足不同身体特点人群的需求，都是经济可行并且饱含关怀的共用性设计理念的体现，如图2-7、图2-8所示。

　　共用性休憩设施在强调使用安全、舒适的基础上，考虑弱势群

体在使用时的心理感受，并能为所有人的生活提供便利，同时造价
也相对经济。

　　再如公共饮水器的高度设计上，因不同人群的手臂活动范围
有差异，与其考虑不同高度的台面及出水口，来满足不同人群的

图2-7　分别针对儿童和成年人的椅面设计，人性
　　　　化并且有趣可爱

图2-8　踏步和坡道相结合，使健全人
　　　　步行，轮椅、车辆、手推车都
　　　　能方便往来的桥面设计

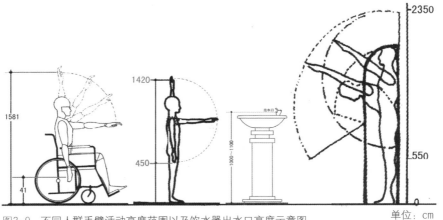

单位：cm

图2-9　不同人群手臂活动高度范围以及饮水器出水口高度示意图

需求，不如取不同人群的手臂活动范域的交集，作为台面及出水口高度的数据参考（如图 2-9、图 2-10）。这样的设施在满

图2-10 日本某地街道上共用性饮水设施，其高度考虑到了健全人和残障人士的共同需要

足人群共同的功能需求前提下，既提高了利用率，又相对经济。

2. 共用性公共环境设施的设计原则与设计方法

2.1 共用性公共环境设施的设计原则

第一，共用性设施要能够体现公平使用原则，即任何使用者都能从共用性设计中获益，避免区别对待不同的使用者。

第二，共用性设施要能够体现灵活柔性使用原则，即共用性设施应该考虑到广大使用者各自不同的习惯与能力。

第三，共用性设施的信息容易获得且易懂。不管外界条件和使

用者的感知能力如何，共用性设施必须有效地传递必要信息，并且使使用者容易理解。

第四，共用性设施的空间尺寸应具合理性。公共设施应考虑适当的大小尺寸和合理的空间结构，使操作者无论其身材、姿势和灵活性怎样，都能方便地使用和操作。

以上四点既可以用来评价现有的设计，也可以用来指导设计过程，而且有助于设计师和使用者了解使用性能良好的产品和环境的特征。

2.2 共用性公共环境设施的设计方法

共用性设计是一种理念，在设计过程中实现这种理念的手段就是所谓共用性设计方法。共用性公共环境设施的设计方法主要有两类：可调节的设计方法和感官功能互补的设计方法。

可调节的设计方法是指共用性公共环境设施考虑到广大使用者各自不同的习惯和能力，因此设施操作力量、姿势和速度等，都尽量提供操作者根据自己的需要作出选择的机会。比如某街旁公共绿地的路障设计，根据需要可调节高度使其沉入地下，供轮椅族与车辆自由进出。（图2-11）

某些公共环境设施之所以对特殊人群形成障碍，是因为特殊人

群的某一（或某些）器官功能的衰退或丧失，消除这种障碍的方法

图2-11　可调节高度的路障

之一就是利用其他健全器官的功能来弥补，从这种角度考虑的设计
方法就是感官功能互补设计。

　　这些采取感官功能互补方法的共用性公共环境设施，对于健
全人来说就可能被提供了两种或更多器官使用或感知的方式，这样
既为特殊人群克服了障碍，也不影响健全人的使用方便。比如日本
一些城市街道十字路口的交通信号灯，这些信号灯在用红绿视觉信
号传递交通信息的同时还发出有声信号。当绿灯亮起时，还伴随着
悠扬的音乐，这种为盲人或色弱者扫除障碍的设计，对于视力正常
的人而言，也能提供有效的提醒和帮助。再如某些标识设施，既有

可视的数字或文字，又附有盲文，这样就能够不产生人群的区别对待，却给人们带来共通的便利（如图2-12）。

3. 共用性公共环境设施的发展前景

Benktzon在1993年曾提出"使用者金字塔"（User Pyramid）的观念，其中包括设计所有可能的使用者：使用者金字塔的最底层部分，包括正常人及能力轻微不足者，比如儿童和一般性活动能力减退的老年人；中间层部分包括因为疾病或年老造成的中度能力缺陷者，比如行动必须依赖助行器或视力严重缺失者；使用者金字塔的最上层部分，是重度能力缺陷者，比如坐在轮椅上的人，手或臂部肌力微弱、活动能力相当有限的人。

共用性公共环境设施的使用群体广泛，它包括使用者金字塔的三个层面，设计并使用共用性公共环境设施将使整个社会受益。

首先，共用性公共环

图2-12 视力正常人士与盲人可共同使用的标识，不产生人群的区别对待

境设施将整个人类视为完整群体，它提供给特殊生理人群平等参与社会生活的机会，实现了弱势群体与社会的一体化，有利于构建和谐社会。

其次，共用性设施节约了设计、生产特殊人群专用设施的资金积累。

最后，从儿童到老年，每个人在一个完整人生所经历的不同阶段中都会从共用性设计产品或环境中受益。

共用性设计理念就是消除对部分人群造成障碍的不良设计手段与方法，它较之无障碍设计更有利于弱势群体融入社会生活，更经济适用，是社会群体的福祉设计。共用性设计将成为公共环境设施设计的发展方向，而且还将成为社会文明和社会进步的重要标志。

第三章

基于产品学科特征的公共环境设施个体设计研究

公共环境设施体系庞大，一般分为信息设施系统、交通设施系统、休息娱乐设施系统、商业服务设施系统、公共管理设施系统、公共照明设施系统、公共卫生设施系统以及公共配景设施系统。这些设施提供的功能与城市服务几乎包含了人们社会生活的方方面面。本章分别选择了在公共环境设施体系中发展前景较好的公共饮水设施，与绿化、低碳的城市发展方向相吻合，极具发展前景的自行车停放设施，以及在公共领域中使用最为普遍的公共垃圾箱这三种设施作为研究对象，在公共环境设施产品学科特征的背景下，条分缕析它们各自的设计文化、设计现状、设计原则与理念以及设计方法等内容，同时也是前文理论性内容在产品设计实践环节的具体运用和立体化呈现。

第一节　公共饮水设施设计研究

　　公共饮水设施是设置在广场、商业街、旅游胜地等人群集中的公共场所，为人们提供直接饮用水的一种自来水装置。公共饮水装置的历史在国外由来已久，其英文表述为Water Fountain（意指欧洲公共场所传统的喷泉式饮水设施）或Drinking Fountain，也可与家用饮水器通称为Water-drinking Machine。我国大部分城市习惯称其为"公共直饮水机"。

　　公共饮水设施的出现给人们带来了极大的方便。人们在户外口渴时，可以放心自在地直接饮用水，使得公共场所充满了人情关怀与亲切感，所以，公共饮水设施是一种体现人文关怀精神的城市配套基础设施。同时，它的设置能避免丢弃各种包装瓶（袋）而引起的环境污染问题。造型美观的公共饮水设施也起着丰富城市街道景观、提升城市形象的作用，因此，近些年来，随着我国城市化进程的加快，城市公共文明程度的提升，国内许多城市也陆续在公共场所中增添设置了方便市民的公共饮水设施。

1. 古代城市公共饮水设施概况

世界各地古代城市中已有公共供水系统，其中拥有公共饮水系统最为著名的古代城市当数古罗马。古罗马城市居民最初是从台伯河、当地山泉以及较浅的水井中取饮用水，但随着水质的污染以及由于城市扩张而引起的人口激增导致饮用水供应不足，为了更好地解决市民的饮水问题，公元前312年，罗马开始修建公共引水渠。城市附近的泉水和溪流经过饮水渠进入罗马城内，随后被导入四通八达的混凝土水渠，最终流向城市各处的喷泉、浴场以及少数私人住宅，城中绝大部分市民的饮用水都来自这些公共喷泉。古罗马先后建成了10条以上的引水渠，每天可供应多达14万吨的居民饮用水，其中部分水渠、公共喷泉至今仍发挥着作用（如图3-1）。

有着"沙漠之都"之称的著名古代城市开罗是一个有着悠久公共直饮水历史的城市。开罗地处热带，气候干旱、炎热，城市建设了许多公共饮水处以满足人们在户外活动时对清净饮用水的需求，古代开罗的公共饮水处往往得到政府的重视，马穆鲁克时代的素丹曾捐赠设立用于公共饮水处的建设专项基金，并对供水质量、供水时间、专管人员的服务以及工具配备情况都有详细的指示。开罗的公共饮水处建筑精美、装饰考究、布局合理，多为颇具特色的伊斯

图3-1　意大利佛罗伦萨喷泉饮水设施

兰建筑。这些公共饮水处建筑延续了埃及传统建筑特色，外观类似我国的楼阁建筑，通常有三个饮水台，一个在正面，一个在侧面，另一个水台在附近的一条街。饮水台的外壁面用彩色大理石镶嵌，上面镂有小孔，外罩精美的铜窗。里面的壁面用上釉的瓷砖镶嵌，中间一个四方形的釉砖，上面绘有天堂的全景。饮水台上方则设立供少年学习《古兰经》的私塾，见图1-2，位于开罗萨里巴大街的乌姆·阿巴斯公共饮水处，建于伊历1284年（公元1867年），纯粹的奥斯曼时代的建筑风格。

开罗的公共饮水处历史悠久并且数量众多，最古老的公共饮水处建于伊历726年（公元1326年），距今近700年。马穆鲁克时代，开罗有300多个公共饮水处建筑，法军侵占埃及时有266个，19世纪中叶，穆罕默德·阿里帕夏统治开罗时期有145个，据学者统计，开罗至今仍有多达65个公共饮水处建筑的遗迹。

我国古代城市的公共供水系统也同样取得了很高的成就。考古学家在对郑州商城、偃师商城等商代城市遗址进行考古发掘中发现，早在公元前1600多年的商代城邑已经拥有比较完备的供水设施，并且形成了一套完整、科学的城市公共供水系统，能够保障城市居民的日常生活用水需求。与此同时，商人还在城邑中建立起了一套系统的排水设施，用来排除城市的生产废水和生活污水，从而有利于保持城市的环境卫生和居民的健康。然而，具有起步优势的中国城市公共供、排水系统在漫长的封建时代几乎停止了前进的步伐，直至民国前期，多数未受到现代工业化过多影响的内陆城市（如成都），依然保持着几千年来直接饮用井水与河水的生活方式。古代的中国城市建设是以王室贵族等特权阶级的生活方式为主体，缺少为广大平民服务的公共场所和方便平民的公共设施，象征王权生活方式的设施占据了城市中的核心位置，它们以特殊的方式被营造，而象征普通平民生活方式的设施往往被忽略和简单化。

2.公共饮水器的分类

公共饮水设施通常有两种形式：分体式饮水器和管道式饮

水器。

分体式饮水器是指在饮水器内装有水处理专用装置，经过消毒工艺处理，将自来水处理成符合国家标准规定的饮用水。分体式饮水器多以城市自来水为水源，经过深度处理净化后，去除水中的细菌、病毒菌、重金属、氯、异味、杂质等各种对人体有害的物质，使水质达到国家规定的直接饮用净水标准。它的净化过程分电灭菌型与膜分离型两种。电灭菌型是在电场的作用下，杀灭水中细菌，确保净化水的质量；膜分离型主要采用一种亲水膜分离技术，亲水膜是一种高分子过滤材料，具有极强的亲水性，在低压下也能过滤水中的细菌。这种分离膜一根丝上就有10亿个微孔，将它安装在净水器出水口底部，能过滤几乎100%的病毒细菌和其他微小杂质。管道式饮水器是与分质供水设施相配套的装置，接受通过专用管道运输过来的集中处理后的纯净水。通常，城市公共饮水器是指前者。

现代公共饮水系统始于英国、德国。欧美国家的城市居民用水水质普遍较高，城市提供直接饮用水的历史较长。在这些国家的公共场所中，经常见到多种式的公共饮水设施。

饮水设施的造型比较丰富，根据其突出特点大致可以分为以下四种类型：

（1）雕塑小品类公共饮水设施。

这类公共饮水设施的外型往往被当作一件雕塑品来精心塑造，这些饮水设施一般运用古典装饰要素或者采用具象、写实的形象，在忽略其饮水功能的情况下，仍可以作为公共雕塑艺术而存在。例如巴黎植物园中一处饮水设施，该饮水设施被设计成古典风格的建筑大门形式。门楣中心装饰精美头像，两侧为立方柱，饮水设施糅

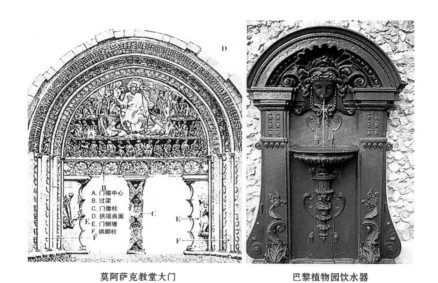

莫阿萨克教堂大门　　　　　　巴黎植物园饮水器

图3-2　具有古典装饰风格的雕塑小品类饮水器

合在中部门像柱的位置，细部点缀波状叶、卷叶纹等西方古典纹样，装饰艺术气息盎然（如图3-2）。再如比利时布鲁塞尔著名的"撒尿小孩"雕塑，饮水器的造型被设计成为民族小英雄的故事形

象，既具有饮水器的功能，又是一处极具纪念意义的雕塑作品（如图3-3）。

（2）几何造型类公共饮水器。

几何造型的饮水器体积感较强，外观稳重，然而人工的痕迹比较鲜明，值得注意的是使用时需要配合周围环境的特点，否则会产生不和谐感（如图3-4、图3-5）。

图3-3　比利时布鲁塞尔著名的"撒尿小孩"雕塑的饮水器造型

图3-4　饮水器造型与自然环境不协调

图3-5　饮水器与背景的小广场同属人工环境，整体显得比较和谐

（3）有机形态类公共饮水器。

有机形态的造型生动且有趣味，故事性强，与人工环境、自然环境都有较好的适应性，能给环境平添生命力，给人以遐想（如图3-6）。

（4）原生态形式公共饮水器。

它包括供水形式属于原生态型公共饮水器与

图3-6 苏黎世街头从民间故事取材的公共饮水器造型，有趣而引人遐想

饮水方式接近原生态型公共饮水器两种。人们在使用这类饮水设施的过程中常常会有天人合一、质朴、绿色、环保等心理体验（如图3-7、图3-8）。

大量做工考究、造型优美、富有趣味性、具有故事情节的公共饮水器在解决城市居民外出饮水困难的同时，也逐渐成为城市街道的新景观，既美化了市民的生活环境，对外又展示了市民公共空间的生活品质和城市的气质与风貌。

图3-7 日本郊区自然风格十足的公共饮水处　图3-8 东京浅草寺内的供水处，饮水方式亲切质朴

3. 公共饮水设施材质选择分析

常见的公共饮水设施由出水龙头、出水控件、水盆、支撑体、排水漏等主要部分组成。饮水设施的上方是手动的按压式或感应式开关设备，水流的出口朝上，当开关打开后，水向上喷起形成弧形水流，饮水者在水流的下方直接饮用即可，不用接触喷水口，流出的水从排水漏排走。

饮水设施的外部材料可选用混凝土、石材、陶瓷、不锈钢及其他金属材质等。水龙头的金属材质则要慎重选用，实验研究结果表明：铸铁水龙头和镀铬水龙头对水中铁（Fe）、锌（Zn）的含量影响很大，铁（Fe）含量超标会使水头水具有铁锈味，且色度（黄色）增高；锌（Zn）的含量增加，水质的浑浊度增高，并且有不愉快的金属味，用这两种材质的水龙头导出的水流长时间使用后均不符合饮用水的水质标准。同样，自来水管的材质也要慎重选择，据中国疾病预防控制部门的《十一种金属样品抗细菌性能和抗霉菌性能研究报告》显示，紫铜具有强抗细菌性能与抗霉菌性，位居十一种金属样品的榜首，它将成为公共饮水设施选择的最理想、最健康的金属材质。在发达国家和城市的供水系统中占据很大比重的铜管有强度高、不易破裂、抗冻胀性和抗冲击性强等优点，但随着铜水管使用年限的增加，金属铜元素的溶出量逐渐增加，这些重金属元素被人体吸收后，会使胃、肝、肾、神经和血液系统受到侵害；我国比较常用的自来水管材质有钢水管、钢塑水管、PPR管和镀锌铁管、镀锌钢管、塑料水管等，钢塑水管与PPR管导出水流中所含Fe、Mn、Zn等微量元素均符合卫生部《生活饮用水水质卫生规范》规定，能够保证饮用水水质。此外，考虑到卫生与排水等因素，饮水设施的水盆要选用光滑且容易清洁的材料。

综上所述，为了保障城市公共饮水设施导出水流的水质，保障城市居民的身体健康，公共饮水设施的材质一定要本着科学的态度，慎重选用。

4. 公共饮水设施设计的人机因素分析

　　城市公共饮水设施设计应以共用性理念为准则，满足老年人、儿童和残障人士的生理需求与心理需求，并使得不同能力的城市居民安全、舒适、正确地使用饮水器，尤其是应设计特殊人群同普通人一起"共同"使用这类公共设施，避免专门为特殊人群设计而对他们心理造成的伤害。例如，可以在同一公共饮水设施上设置多个出水龙头以帮助不同身高的人能够使用同一饮水器。一种方式是设置不同高度的出水龙头；另一种方式是可以保持几个出水龙头的高度一致，而通过改变其他出水龙头下方的踏步级数来调节高度。通常情况下，出水龙头距地面高度为1000~1100mm，较低的距地面600~700mm。饮水设施水盆的高度一般在600~900mm之间。水盆边缘尽可能避免尖锐的棱角出现，边缘宽度保持在30mm左右。如果设置踏步，每级踏步的高度以100~200mm为宜。

5. 城市公共饮水设施设计的基本原则与注意事项

5.1　安全卫生原则

　　城市公共饮水设施的设计应当把安全与卫生原则放在首位。造型、材质的选择，细节设计等活动都应该以安全、卫生、健康为目标。尤其是设置在观光景点、游乐场等地方的饮水器，凸出物的棱角处要进行倒圆处理。

5.2　共用性原则

饮水设施的设计要考虑使用人群的特点，把残疾人、老人、儿童等弱势群体同健康成年人作为一个整体来考虑，而不是作为独立人群，强调所有人"共同使用"；饮水设施的使用要操作简单，"看即会用"，消除弱势群体的心理障碍与在操作使用饮水器时的差异；公共饮水设施设计的空间尺度与尺寸合理，无论使用者的身体、姿势以及灵活性怎样，都要确保他们能自如地操作、控制饮水器。

5.3　环境协调原则

城市公共饮水设施作为一种"公共环境产品"应当具备鲜明的环境特征。作为独立个体的公共饮水设施应与其周围的环境相融合，而不是突兀地游离于环境之外；公共饮水设施与其他单体公共设施之间也要协调、主次分明，比如饮水器与公共座椅的距离、色彩和造型的匹配等。除此之外，公共饮水设施还应对地域传统、人文特征、生活方式等城市文化内容有所反映。在进行城市公共饮水设施设计时还要注意以下几点：

（1）公共饮水设施应该选在流动量较大、人流相对集中的地点或休憩设施旁等场所，也要考虑设置地点是否具备自来水安装条件，考虑废水如何回收、排放等因素，避免造成排水困难而引发水污染等意外。

（2）水栓或出水龙头应易控制出水量，要有应对破损等紧急情形的处理办法。

6. 我国城市公共饮水设施现状与改良设计

随着我国城市居民生活水平的提高、城市公共文明程度的发展、城市化进程的加快，国内不少城市也开始设置方便行人的公共饮水设施。到目前为止，我国已有三十多个大中城市在公共场所安装了公共饮水设施。但在投入使用时却出现了始料未及的情形：中山市、武汉市等众多城市不约而同地出现了滥用、毁坏公共饮水设施的负面新闻。经过分析，除少部分饮水设施被人为故意破坏外，更多的是在使用时误操作所致。基于此种情形，可以进行改良设计，比如借鉴国外饮水设施的功能性设计，除了在饮水设施上设

置饮水龙头外，还可增设洗
手洗脚的简易水龙头（如图
3-9）。可以考虑人性化的细
节设计：为洗脚设置放鞋用的
平台；为洗手设置放行李用的
平台。

图3-9　兼顾洗手洗脚功能的公共饮水器

　　另外，公共饮水设施应
设计简单易懂的操作说明。它
可以与饮水设施一体，也可以
独立于饮水器之外；可以是简
明、易懂、醒目的平面标识或
文字，也可以是整合其他功能
设施的可循环、持续利用的新形式。这个改良设计主要用来纠正因
误操作而造成公共设施与资源浪费的行为。

　　公共饮水设施作为一个新事物出现在我国城市的公共场所，为
避免出现千人一面的现象，应该考虑它作为公共环境设施所应该具
有的环境特征，并在设计中挖掘地域文化、本土生活方式和情感原
则等内容。

　　城市公共饮水设施能体现现代社会的文明程度，体现城市居民
被照顾、被关怀、被尊重的公共空间生活体验。城市居民将城市广

场当作自家的客厅，将城市当作家庭，有利于他们形成相互关心、爱护生活、关注环境的意识，也使得我国城市公共空间更有活力，城市更加美好、和谐。

第二节 自行车停放设施设计研究

自行车停放设施，顾名思义，固定或放置自行车的装置，英语国家中称其为Bike Rack（自行车固定架）或Bike Parking Facility（自行车停放设施）。自行车及其停放设施占据一定空间就会形成具有某种场所感的领域，因此，自行车停放设施通常也会被笼统地包含在"自行车停放处"的表达中，英语翻译为Bike Parking（自行车停车场）。

自行车交通是一种绿色交通方式。在城市道路交通拥挤、环境污染严重、能源消耗和交通事故频发等问题威胁着人们的日常生活和影响着城市经济的可持续发展的情况下，自行车交通在节能和环保两个方面，占有很大优势，是未来城市交通发展的重要方向，多数以汽车交通为主的发达国家也正在大力发展自行车交通。

自行车停放设施作为自行车交通的重要组成部分，应引起各方面的重视。关注并探讨自行车停放设施的设计问题，有助于肃清自行车交通发展道路上的部分障碍，对自行车交通的发展无疑具有十分积极的现实意义。

1. 自行车停放设施的分类及其设计特点

自行车停放处是城市交通管理的基础公共设施之一，形制多样。依据不同的划分标准，可以将自行车停放设施分为多种类型，各种形式各有其特色。

根据设置自行车停放方向的不同，可以把设施分为向心式、单向垂直式、单向斜列式以及双向并置式等形式。向心式的停放布局形式感强，容易形成"岛屿式"的景观效果。不足之处在于占地面积较大，空间浪费较多（如图3-10）。

图3-10　向心式自行车停放设施

　　自行车单向垂直式、单向斜列式以及双向并置式的停放布局相对于向心式而言，空间利用率比较高，布局紧凑。自行车停放的单元车数应整齐划一，建议以每十辆为一组进行设计，使停车场井然有序，不影响城市环境景观的整体效果。

　　根据固定自行车的不同方式，可以将该设施分为停靠式、卡轮式、悬挂式以及托举式等。停靠式的设施，其设计原理是提供给自行车架稳定依靠的支架，并配合锁、链、铁环等安全措施加固。此种设施造型的设计空间比较大，往往会有景观小品般的艺术审美效果；卡轮式设施的设计原理是凭借专门设计的构件或几何造型固定住自行车的前轮达到稳定车架的目的；悬挂式以及托举式的设施更多的是提供一种空间型的自行车停放方式，其设计原理是利用特定构件将自行车空间垂直固定，类似悬挂，或利用特定支架将其空间水平托起固定，类似举重抓起。

　　后三种设施的设计有一些共同点：①空间利用的弹性比较大。对于空间狭小的室内或室外环境而言，不失为提高自行车停放空间容积率的良策。②有一定的个性设计空间。人们往往能采用这几种原理DIY一些新颖别致的私房设计作品（如图3-11）。

　　根据自行车停放的时间长短，其类别大致分为：短期存放型和中长期存放型。供自行车短期存放的设施，其特点是为车主提供临时性服务，停放地点高度便利，靠近车主的活动地点，如娱乐场

所、商贸中心、学校、会所
等，而且距离大楼建筑物进
出口处不远；自行车长期存
放通常在4个小时以上，或
过夜存放，或者长达几天。
这类自行车停放设施设计的
重点是安全性问题，通常采
用多重固定枷锁、设置专用
停放柜、设立限制人员随意
出入的安全通道等措施。这
类自行车停放场所可以距离

图3-11　废旧滑雪板自制的自行车固定架

车主的活动地点稍远，但是必须拥有更加严密的保安基础设施和配
套服务设施。

　　根据自行车停放空间效果的不同，自行车停放设施还可以分为
平面式、越式、立挂式、有顶式、无顶式以及空间发展式等。

　　以上各种自行车停放设施，虽然分类标准有不同，但相互之间
也会有交叉，这里是出于设计分析的需要而做的归纳梳理。

　　此外，自行车停放设施还有其他可供考虑的发展空间。比如，
从街道景观建设的角度考虑，自行车停放设施可以与花池、水体、
雕塑以及标识牌等组合设计，有利于节省空间，创造出整洁的街道

图3-12　与街道护栏结合的兼用型越式自行车停放

环境（如图3-12）；从提供人性化服务的角度考虑，自行车停放处还可设计醒目的指示标识、提供防风、遮雨、防晒的顶棚、配备照明设施、为存放比较名贵的自行车提供停放柜、配备自行车保养修理处、架设摄像探头等安全设备，从而为车主提供更细致体贴的人性化服务；从自行车停放设施智能化的角度考虑，创造具有时代特征的高科技形式，还可以设计投币式、具有自锁功能等的开拓型产品。

　　自行车停放设施的形式虽然五花八门，但是，设计和选用何种停放设施，都要依据不同地理位置特点和功能侧重来进行认真考虑。

2. 自行车停放设施的相关设计原则及规范

2.1 自行车停放设施设计应遵循的相关原则

　　首先，自行车停放处的规划应该考虑到其便利性，在不影响城市交通和市容的前提下对其进行设置。应尽可能分散多处设置，方便停放。一般应充分利用车辆、人流稀少的支路、街巷或宅旁空地；应避免其出入口直接对着交通干道或繁忙的交叉口，对于规划较大的停车场地，尽可能设置两个以上的进出口，停车场内亦应做好交通组织，进出路线应明确划分，保证出入口安全畅通，同时注意消防。

　　其次，要使车主感到进出存取车辆方便自如，并且安全可靠，不会担心会发生因失窃而导致的不快和其他纠纷。

　　再次，可以结合一些醒目的标识设计引导自行车存放活动聚集，自行车停放场地要能够让车主容易识别和找到。停放处有条件的话最好能提供遮风挡雨、避免阳光直射的顶棚和自行车的保养修理摊，随时为车主提供应急修理。

　　另外，无论何种自行车停放设施，都必须遵循以下原则：

　　（1）该设施不仅能保护自行车车轮，还能保护整个车架。

（2）能够方便车主使用包括U形车锁在内的各种规范的车锁。

（3）设施表面须光滑，不会摩擦或损伤自行车表面的油漆保护层。

（4）车架间距能满足车主进行正常的存取车活动。

2.2 自行车停放设施设计应参考的相关规范

自行车停放设施相关尺度的设计与处理需参考自行车交通的相关数据和规范。

（1）停车带与通道的相关规范。

前文我们分析过，自行车常见的停放方式分为垂直式和斜列式等（见图3-13）。停车带标准宽度取2.0m，也常采用2sina（m）（a为车辆停放时与通道所呈的角度，一般取30°、45°、60°）；

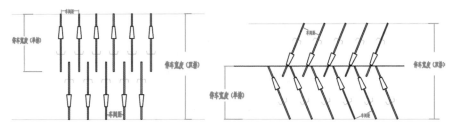

图3-13 自行车停放场常见排列方式

若双排停车，则视具体情况考虑。通道宽度单侧取1.2~1.5m，双侧另定。

（2）停车面积。

单位停车面积受标准停车宽度和停放形式控制，一般取2.0（m²/辆），斜列时应酌情减小。在城市规划建设中，自行车停车场地用地可按1.4~1.8（m²/辆）估算；若一般公共建筑物附近设停车场可按1.0~1.2（m²/辆）估算。据公安部、建设部1988年颁布的《停车场规划设计规则（试行）》，自行车停车场的有关设计参数应不小于表3-1中有关规定。

表3-1　自行车停车场设计参数

停车方式		停车带数（m）		车辆横向间距(m)	通道宽度（m）		单位停车面积（m²）			
		单排	双排		单排	双排	单排一侧停车	单排两侧停车	双排一侧停车	双排两侧停车
斜列式	30°	1.00	1.60	0.50	0.20	2.0	2.20	2.00	2.00	1.80
	45°	1.40	2.26	0.50	1.20	2.0	1.84	1.70	1.65	1.51
	60°	1.70	2.77	0.50	0.50	2.6	1.85	1.73	1.67	1.55
垂直式		2.00	3.20	0.50	1.50	2.6	2.10	1.98	1.86	1.74

自行车停放设施的形态、工艺、材料、色彩可以当作任何一种造型艺术进行任意发挥，但前提是必须遵循相关设计原则，并且参

考相关的规范规则，这些既定的因素一方面限制了自行车设施设计的无限可能；另一方面也可看作引导设计前进的拐杖。

3. 国内自行车停放设施的现状及相关设计探讨

我国是自行车的生产和使用大国，近年来，许多城市的自行车拥有量更是迅速增长。由此带来的自行车停放设施和场所紧缺、布局混乱、管理不完善等问题日趋白热化。就现有的停放设施现状而言，问题具体归纳如下：

（1）部分自行车停车处过于简陋，仅仅框出一块地，标明"自行车停放处"就算完成，缺乏最简单的自行车固定设施，容易造成车辆无序停放的混乱局面，而且一旦倒下一辆，紧接着就会发生一连串的多米诺骨牌效应，影响车辆出入通道的正常交通。

（2）自行车停车场规模小，设施数量少且间距设计不合理。

（3）部分自行车停车处未经统一规划，有的位于规划道路绿线内，或直接占用人行道，妨碍了人行交通，影响了城市的整体景观。

（4）停车场识别性不强，缺乏一定的引导设计，这也是自行车乱停乱放的原因。

以上现状分析其根源，主要在于我国大部分城市人口密集，交通用地短缺，车辆高速增长，从而使停车设施及管理服务不堪重负，供远不应求，针对这些问题，我们可以在自行车停放设施的设计中尝试以下的解决方式：

（1）尽可能均匀、分散地提供充足、便利的各种自行车停放设施。办公、金融、文娱、餐饮、中心商业区的各主要出入口均应设置自行车停车场；逐步完善公共建筑和公交换乘处的配建停车场（如图3-14）。

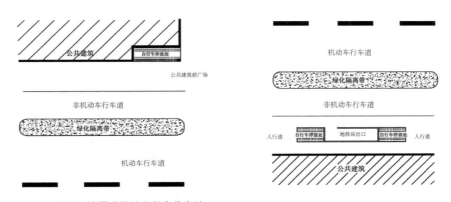

图3-14 根据环境需求设计自行车停车处

（2）积极高效地利用地面空间。一方面通过自行车停车设施的设计与处理，最大可能地利用周围环境，来提高停车处的容积率。比如，利用围栏来固定自行车前轮的卡轮式设施，就可以节省近一半的停车面积。而采用双向并置斜列的自行车排列方式，倾斜角度不同，停车面积也会有所变化。另一方面，建设停车楼或影剧院、办公楼、学校、医院等公共场所的地下停车设施也不失为一种节省地面空间的有效途径。

（3）对目前我们国家城市街道停放空间少、车辆杂乱无序、严重影响城市街道景观情况，可以将自行车停放设施与灌木丛、树植、水景等整合设计，提高城市街道景观品质；有关部门在进行城市公共空间规划时也可以多考虑下沉式的自行车停放空间，将停放的自行车"隐藏"到大众视线以外的地方。这样，整个街道、路面周围的环境看起来会比较整齐有序（如图3-15）。

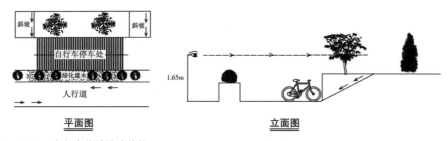

图3-15　自行车停放设施构想

（4）确保停车处的可识别性。一方面，选择聚集特征明显的地点作为停车场所；另一方面，在现有的停放环境基础上增添起视觉引导作用的标识设计，指导车主规范自行车的停放方式和位置，从而减少部分自行车停放的无组织无纪律现象（如图3-16）。

图3-16 标识性和指导性兼具的德国卢森堡自行车停放设施

　　从可持续发展的角度来看，自行车交通是一种"绿色交通"(Green Transport)，尽管目前我国城市利用自行车作为交通工具是一种极普遍的现象，然而，自行车交通的优势和潜力并未充分体现出来。从我国的现实情况出发，逐步解决自行车交通发展道路上的各种障碍，比如停车等问题，从而进一步挖掘自行车交通的潜力并以此而带动整个城市交通的良性发展是必要而迫切的。这不仅关系到广大市民的切身利益，在人类面临能源枯竭、环境逐渐恶化两大难题的今天，积极提倡、发展和推动绿色交通，对处在发展中国家行列的中国更具有十分积极的现实意义。

第三节　公共垃圾箱设计研究

　　垃圾箱隶属公共卫生设施范畴，是保证城市日常运作正常运转、市民生活卫生健康的一类设施，其体量虽小，但重要性不容忽视。随着城市的发展、城市公共设施的逐步完善，当我们重新审视这个"藏污纳垢"的容器时，会发现垃圾箱正悄然经历着从街角矮墙砌出的露天垃圾堆放点，到今日阳光下闪烁着各色光辉、形态万千变化的过程。

1. 垃圾箱的分类及其各自特点

　　垃圾箱的形制多种多样，根据垃圾分类的情况，可以简单地分为混合垃圾箱和分类垃圾箱两种。混合垃圾箱是将生活垃圾和工业废渣一并混合收纳的形式，这种垃圾箱从安全卫生的角度而言，不甚理想，于是出现了分类垃圾箱。在我国，分类垃圾箱有将垃圾分为"可回收垃圾"和"不可回收垃圾"、"有机垃圾"和"无机垃圾"、"回收垃圾"和"其他垃圾"两种类型的双箱式；也有继续细分出有毒垃圾的三箱式。

根据垃圾箱的放置形式又可以将其大致分为直立式、悬挂式和埋藏式三种。直立式垃圾箱极为普遍；悬挂式垃圾箱可供空间狭小或对环境有某种要求的特殊场所选用；埋藏式垃圾箱不占地面空间，形式较为隐蔽，对比起传统的垃圾箱，无论其放置形式抑或使用形式，都具有令人耳目一新的效果。

2. 垃圾箱的主要设计要素

2.1 造型

在固有观念里，垃圾箱是一种与肮脏、细菌滋生等字眼联系紧密的设施，我们潜意识里对其有排斥情绪，因此，早期人们对垃圾箱的造型设计也是极尽敷衍之事。随着人们对城市公共环境品质要求的提高，垃圾箱也搭上了公共环境艺术化的顺风车，一路发展到造型多变、形态丰富的今天模样。垃圾箱的造型总体来看可分为三种类型：第一种是几何造型，包括简单的圆筒和方体造型、单体几何形的组合以及在简单几何形基础上加工变形的各种形式；第二种可归纳为仿生形态，包括模仿猴子、企鹅、青蛙和树桩等的动植物造型；第三种垃圾箱的造型取材于人们生活中的事物或情景，具有一定的文化内涵和观赏性，有着环境小品般的艺术效果（图3-17）。

图3-17　电影之城好莱坞街道边的垃圾收集处

对于分类垃圾箱而言，形象生动的造型往往能更有效地传递垃圾分类的信息。比如上海一个专门回收旧电池的垃圾箱，就直接做成了电池的模样，垃圾分类常识不多的人也能迅速理解该垃圾箱的特殊用途。这类具有符号意义的垃圾箱造型设计随着人们环保意识的提高已逐渐出现在一些城市里。

2.2　材质

垃圾箱材质要具备高度防腐蚀、易清洁的特点。目前批量生产的垃圾箱有不锈钢材质的、玻璃钢的、塑料材质的、铝的、石质的、表面金属烤漆的其他材质、经过防腐处理木材的等。其中，不锈钢因为其坚固耐用、易清洁、耐腐蚀、视觉效果好、防晒性能好等优点，是制造室外垃圾箱的最常选用的材质，但需要注意的是，由于不锈钢材质成本高，因而容易成为被盗的目标，所以设计不锈钢材质的垃圾箱应将防盗纳入考虑范畴。而玻璃钢材料虽价格低廉，不易被窃，但存在在长时间暴晒下易褪色的缺点；此外，铁皮垃圾箱和塑料垃圾箱等存在易老化、淘汰周期缩短、浪费大的缺陷。针对现有材料普遍存在不足的情况，人们又开发出利用回收牛奶盒、回收的废纸等材质来制作垃圾箱，这些新型环保材料的垃圾箱不但具有防水、耐酸碱、防晒等特点，而且在使用过一段时间后还可以重新回收，再加工、再使用，不但成本低廉，而且绿色环保。

2.3 色彩

色彩对于垃圾箱设计而言，一方面具有装饰作用；另一方面具有信息传达的功能。随着城市文明的发展，公共设施的艺术化倾向，垃圾箱的颜色也朝着更多元化的方向迈进，各种红色、黄色、蓝色、黑色、绿色、灰色、赭石色、仿古色的垃圾箱，门类丰富，使其能够很好地融入不同的环境色中。

同时，颜色也是垃圾箱向人们传达信息的媒介。分类垃圾箱一般用特定的颜色表示特定的垃圾类别，比如用红色表示回收包括废电池、荧光灯管、水银温度计、废油漆、过期药品等在内的有害垃圾；用黄色表示回收包括果皮、菜皮、剩菜、剩饭等在内的不可回收垃圾；用绿色表示回收包括废纸、废塑料、废金属、废玻璃、废织物等在内的可回收垃圾。

但是，特定颜色在垃圾分类上的关联意义在国际上并没有统一的标准和规定，只是在某一国家或某一区域范围内能够达成共识。如果行业内能达成垃圾箱色彩设计标准化的共识，将有助于垃圾分类收集的观念深入人心，人们很容易仅根据色彩就能够将不同类别的垃圾投放到合适的位置，从而为保护家园付诸最实际的行动。

2.4 标识说明

垃圾分类单纯利用颜色或文字来区分的适用范围有限，毕竟不少市民对有机垃圾、无机垃圾、可回收、不可回收的概念还不是特别清晰。垃圾箱的图形标识配合色彩设计和文字说明是垃圾箱分类设计的一种手法，能使内容传达迅速准确而直观，使垃圾分类工作更有效地得到推广实施（图3-18）。

其中，分类垃圾的图形标识要通俗、形象，选择用明确而典型的实物图形能快速有效地传递信息；文字说明建议至少同时使用一种外语，随着跨文化交流与合作的频繁，在垃圾箱这类基础公共设施的使用过程中应尽量避免可能出现的语言障碍。

图3-18　直观易懂的图形标识准确地传达了垃圾分类信息（哥斯达黎加）

3. 垃圾箱设计应遵循的主要原则

3.1　安全和卫生原则

　　垃圾箱是人会近距离接触到垃圾的设施，所以，卫生和安全问题尤为重要。首先应该选择抗腐蚀性强、易清洁的材料；其次尽量避免需要用手接触的开启方式；最后，造型结构和尺度设计应符合国家的安全标准，比如生活小区的垃圾箱，外形设计应避免棱角，要考虑老年人和孩童的使用安全，尺度设计要避免有孩子爬进去的危险等。

3.2　简便易用、操作性强的原则

人们扔垃圾的过程往往只有几秒钟的时间，如果在使用垃圾箱的过程中受到操作性障碍，比如不知如何开启，开启方式费劲或无法迅速判断出投递到哪个分类垃圾箱等问题时，就会严重影响人们使用垃圾箱的积极性。因此，垃圾箱设计要遵循易识别、易操作的原则，操作方式易识别易使用、使用要求的文字或图形说明应直观易懂。

3.3　与环境相协调的原则

垃圾箱与环境是否需要协调是有争议的。一种观点认为垃圾箱要醒目，不然方便之举便成了不便之举；另一种观点认为要含蓄和隐匿，否则风景绝佳处，矗着一瓮，很煞风景。其实，这两种观点都过于强调垃圾箱的个体性，而淡化了垃圾箱是公共环境设施的组成部分，作为城市景观环境系统一分子的整体全局观。

具备环境艺术学科特征的公共设施设计应该遵循与环境相协调的原则，公共设施的环境性简言之包括三个层面：设施与设施之间

应该协调、设施与周围环境
也应该和谐统一、设施应该
体现城市的文化特征，能够
体现出城市独特的传统和文
化。垃圾箱的设计能够与环
境相协调，也是可以妙笔生
花的（图3-19、图3-20）。

4. 未来的垃圾箱设计

随着科学技术的进步，
环保意识的深入人心，设计
人性化的发展，未来的垃圾
箱设计必将走上科技与环

图3-19 古城西安的垃圾箱色调古朴，造型运
用极具代表性的传统文化元素，契合
城市的历史文化特点

保结合、智能化、人性化的发展道路。围绕科技、环保、智能三大
主题，科学家和设计师构想蓝图中的垃圾箱将会发展出一系列的新
功能。

（1）分类回收功能

除了容器的造型、色彩以及完善的图形符号等设计要素有助于
垃圾箱分类回收功能外，特殊的感光和感应技术等运用于垃圾分类

设计，也将有助于提高人们的垃圾分类意识和行为。

　　2007年美国麻省理工学院机械工程系成功研制出一种名为"Recycle-osort"的太阳能环保垃圾箱。在预先设置好程序后，依靠太阳能驱动的新型垃圾箱不仅能够对可回收瓶罐废弃物进行自动分类，而且还可自动倾倒箱内废弃物。这款垃圾箱内装有废弃物拾取装置，可逐个将拾取的废弃物自动放置在旋转盘上，接受3台传感器装置的检测。这3台传感器可分别识别玻璃制品、塑料制品和铝制品，并将废弃物分放进箱内3个相应的储存空间。如废弃物经传感器检测后不属于上述3类制品中的任何一种，将被视为不可回收废弃物，放进箱内其他空间单独储存。目前，这种新型垃圾箱在波士顿市南部Codman Square 社区进行试用测试。据麻省理工学院机械工程系教授David Wallace介绍，如果测试效果理想，这款自动化环保垃圾箱将在全市推广，对于改善环境较差地区的市容卫生状况具有重要意义。

　　（2）语言功能。

　　21世纪初，德国

图3-20　国外一家咖啡馆附近的垃圾箱设计，造型有趣，兼具广告宣传功能

柏林街头出现了会说话的垃圾箱，人们发现当把垃圾扔到垃圾箱里时，它会说"谢谢""嗯，味道好极了""你是一个有品位的人"之类的话，这种橘黄色的垃圾箱虽然从表面上看起来与普通的垃圾箱没有什么两样，但是它的箱盖上装有太阳能面板以及发声装置。它会"说话"，是因为技术人员给它们编制了"会说话"的程序。这种太阳能面板即使在天气不好的时候也不会受到影响，照样能给发声系统提供能源。晚上，垃圾箱上还有霓虹灯照明装置，让行人可以看清楚垃圾箱的投放口。不过，到了晚上，这些垃圾箱便不再"说话"，以免把行人吓一跳。在试验期间，工作人员在垃圾箱后安装了摄像头，拍下人们的反应，结果发现，不少人甚至为听它说话而多扔一次垃圾，扔垃圾竟成了一种乐趣，而这也是人们为提倡公民自觉意识的一种鼓励和尝试。这种新颖的垃圾箱能让人们在一种愉悦的心情中自觉地保持城市街道的整洁。在未来，这种垃圾箱也许能在其他地方被推广。另外，在垃圾箱的集成电路上安装语音模块系统，当人接近垃圾箱投放垃圾时，语音系统会提示对垃圾进行分类投放，也将会是语言功能的一个发展方向。

（3）自动翻盖功能。

由于现行的垃圾箱投放口多在桶身侧面，有些还带有盖门，人们投放垃圾时需要走近或用手开门才能扔垃圾，这样易对人体造成污染。针对这种情况，人们设计了红外线感应自动开门或翻盖式垃圾箱，采用太阳能电池或普通碱性电池，靠红外感应自动开盖，当人的手或物体接近投料口（感应窗）约15cm时，桶门（盖）便会自动开启，垃圾投入完毕，桶门（盖）又会自动关闭，无须接触垃圾箱，清洁卫生、使用方便。

（4）自动检测功能。

为了及时显示垃圾装填量，可以在垃圾箱顶部设置红、黄、绿三种灯，分别表示装满、可以装和装一半。为了方便垃圾的清运，可在垃圾箱内设一自动弹出装置，当工人清理垃圾时，按一下自动弹出装置，子桶便自动弹出箱外。待垃圾倾倒完毕后，只要把子桶放回箱体内即可。还可在桶盖上装太阳能吸收装置，利用太阳能将桶内的垃圾压缩。

（5）渗沥液收集功能。

气温较高时，垃圾中有机物在微生物的作用下腐烂变质，形成垃圾渗沥液，容易污染环境和地下水，设置垃圾渗沥液收集装置，可防止垃圾渗沥液外溢。

5. 垃圾箱的改良设计思考

产品设计的类型一般分为以下四种：

（1）开发型设计：在设计原理、设计方案全都未知的情况下，根据产品总功能和约束条件，进行全新的创造。如专利产品、发明性产品都属于开发型设计。

（2）适应型设计：在总的方案和原理不变的条件下，根据生产技术的发展和使用部门的要求，对产品结构和性能进行更新改造，使产品更广泛地适应使用要求的设计。

（3）变参数型设计：在功能、原理、方案不变的情况下，通过改变尺寸与性能参数，满足不同的工作需要的设计。

（4）测绘和仿制：按照国内外产品实物进行测绘、变成图纸文件、其结构性能不改变，只进行统一标准和工艺性改动。

为满足市场多品种、多规格产品的需要，适应型和变参数型设计产品的适应性及综合经济效果十分突出，越来越受到人们的普遍重视。基于产品设计学科特征，公共设施设计同样遵循以上四种设计分类，而且，适应型设计和变参数型设计比较契合我们设计改良的目的。下面，我们围绕如何更利于人们的使用展开垃圾箱的改良设计探讨。

改良型设计的原理是发现问题—研究问题—解决问题。首先，我们收集并归纳公共垃圾箱在使用过程中出现的常见问题：

（1）开口大小或形式不佳，投入取出皆难，大块垃圾放不下，堆在垃圾箱四周，影响环境质量。

解决方法探讨：垃圾箱的开口大小和形式可考虑因环境而异。

针对不适合设置垃圾箱的场所，比如体育场，可考虑埋藏式垃圾箱，采取用脚开启的方式，安全卫生、运动感强；在另一些事务繁忙的公共环境，如大卖场、卸货码头等处，可以设计开口较大，方便投放量多、大体积的垃圾。

（2）排水考虑不足。大多数垃圾箱没有排水功能，含有杂质的废水被倾倒入垃圾箱内得不到及时清理，一方面会腐蚀垃圾箱壁面；另一方面会散发出臭味，污染周围的空气。

解决方法探讨：垃圾箱底部应设置泄水孔或镂空，桶外附近应有简易排水，以免潮湿粘连尘屑难以清理。

（3）有害垃圾如废电池、废荧光灯管、水银温度计、废油漆、过期药品等随便放入桶内，使可回收垃圾遭受污染，并污染空气。

解决方法探讨：平常的分类垃圾箱仅有可回收垃圾与不可回收垃圾（或有机垃圾与无机垃圾）两个分箱，垃圾分类过于粗略，为避免有害垃圾污染环境，应该在分类垃圾箱中增加有害垃圾箱一项。

（4）在自然条件下易分解的垃圾，如果皮、菜叶、剩菜、剩饭等在垃圾箱内易腐烂，散发出大量异味。

解决方法探讨：可以利用活性炭纤维的特殊物理属性，设计吸附式垃圾箱。在垃圾箱外壳与内桶间壁处，填充一层活性炭纤维，活性炭纤维具有较大的比表面积和较好的吸附性能，吸附垃圾腐烂过程中产生的恶臭气味，防止空气污染；或采用对应的密封措施。

（5）接触性垃圾箱如翻盖垃圾箱，投入口有盖子，需要用手推开盖子才能扔垃圾，这种不得不弄脏手才能将垃圾扔出去的设计让许多市民望而却步，不愿将垃圾投到应该投放的地方。

解决方法探讨：尽量避免设计用手推拉入口的垃圾箱，而采用脚踏开口的垃圾箱。

（6）垃圾箱的设计应注意与环境搭配，与人文色彩调和。目前散布在城市中的垃圾箱，设置过于单一，多数为圆筒状和方形状，没有和多变的环境规划相统一，没有和人们追求生活多姿的心理相适应。

解决方法探讨：其一，垃圾箱与自然环境相协调，分类垃圾箱的设计应考虑自然环境，注意设施与自然环境的和谐统一。干燥寒冷的环境中，垃圾箱在材料的选择上应以质感温暖的木材为主，色彩要鲜艳夺目；温热多雨的环境中，选材要注意防锈，多运用塑料制品或不锈钢，色彩以亮调为主；旅游区内的垃圾箱要巧妙地融入环境，与景点风格协调一致。其二，垃圾箱与人文环境相协调，每个城市都有独特的传统和文化，它是历史的积淀和人们创造的结晶，人文环境协调性要求公共卫生设施要充分体现出城市的文化特征，符合当地民众的心理，提炼出富有特色的形态、色彩、文化符号来进行设计，垃圾箱虽然不如某一标志性建筑那么引人注目，但对城市的居住者和使用者更具有直接意义。

（7）难以判断垃圾投递到何处。目前的分类垃圾箱，大多数仅在垃圾箱上标明：有机物、无机物或可回收垃圾、不可回收垃圾。但是大多数市民站在垃圾箱旁准备投垃圾时，还是分不清什么是可回收的，什么是不可回收的，哪些属于有机物，哪些属于无机物，导致垃圾胡乱投放。

解决方法探讨：为了使垃圾分类回收工作更有成效，一方面可以通过各种宣传活动，向市民普及垃圾分类知识；另一方面通过垃圾箱的造型、标识等设计要素增强分类垃圾的可识别性，例如，将垃圾设计成电池造型，集中收集废电池、废荧光灯管等有害垃圾；另外，箱体上除了文字说明外，还可添加具象的图形说明。总之，通过种种手段，使人们对投递物的目标更加清晰明了。

（8）街道上的垃圾箱、信号灯、电线杆、广告牌、坐具等公共设施显得零碎、繁多而杂乱，严重影响了街道景观的整洁和美观。

解决方法探讨：采取整合、集约化、代用、兼用、改用等方法，将垃圾箱与其他公共设施结合进行街道景观的整合设计。

垃圾箱作为公共设施的组成部分，体积虽小，却是城市事务正常运转、市民生活安全卫生的重要保证。从街角矮墙砌出的露天垃圾堆放点，到形形色色人性化的、智能型的、环保型的垃圾箱，垃圾箱的世界正发生着巨大的变化。我们不能把目光驻留在视垃圾箱为简单的容器这一概念上，事实上，在垃圾箱巨大发展的背后，它是由一个庞大的科学的垃圾处理工程所构建的，同时，我们也可以看到小小垃圾箱变迁中折射出的整个人类文明的发展进程。

第四章

基于环境学科特征的城市公共环境设施设计探讨

——以景德镇市为例

前文我们介绍过公共环境设施设计的交叉学科性质，这类设计既要考虑对象的产品学科属性，也要考虑对象的环境学科属性，上一章我们从产品设计的角度对三种公共环境设施的设计做了研究和探讨，这也是我国当前公共环境设施设计最普遍性的设计思路，从产品设计的角度关注其功能性，仅停留在对设施产品性的考虑方面，而忽略了设施环境学科的特征，直接导致作为城市街道家具的公共环境设施群体城市个性化缺失，与本土文化失联。一件优秀的公共环境设施作品既要有功能，又要有审美；既要有外在形象，也要有精神内涵，要具备从它站立的土地中"生长出来"的环境归属感，而这些绕不开对公共环境设施的环境学科的设计思考和设计研究，本章从公共环境设施的环境学科特征出发，借鉴城市意象理论的研究成果，探讨公共环境设施设计的新思路，为我国当前的城市公共环境设施设计活动注入新的活力。

第一节 城市意象与公共环境设施

探讨城市实质环境在人们心中所产生的形象的研究统称为城市意象研究。所谓意象，就是事物在人们心中的形象，是人们生活感受中所被记忆下来的部分，城市的风貌和规划，建筑物的色彩和形式、市民的穿衣打扮和语气腔调等，都对城市意象有重要影响，都是形成意象的重要因素。

1960年美国著名城市设计学家凯文·林奇首次提出"城市意象"观点，其后有不少国外学者继续从不同的角度和层面对其理论进行深入的研究，根据这些研究的主要方向和侧重点可将其概括为三大类：① 城市意象结构的研究；② 城市意象意义的研究；③ 城市意象个性的研究（即城市特色的研究）。本书重点关注城市特色的研究，尝试借鉴凯文·林奇的研究理论成果，以特定的城市为探讨对象，摸索以城市意象为目标的城市公共环境设施的设计思路，用于指导实践，实验性地运用到城市景观规划的公共环境设施设计方案中去。

每座城市都有属于自己的独特文化烙印的街道景观，这些景观将会给人留下不同的意象，也伴随着城市的不断成长而变化、发展、成熟。城市意象理论认为，良好的城市意象感知要素，具有一种城市符号的形式意义，是城市发展的一个"文化动力因"，甚至能构成"城市文化资本"的意义，成为城市可持续发展的一种重要资源，而公共环境设施，正是一类具有这样价值的重要资源。公共环境设施体系庞大，在城市公共空间中覆盖面广，具有可意象特征的公共环境设施不仅可用，而且具有一种城市符号的形式意义，是城市意象的重要感知要素，它对城市景观品质的影响是一个从量变到质变的积累过程，这个过程经过时间的酝酿，融入丝丝扣扣的市井生活中，与城市共同呼吸、生长，步步引导着人们对城市的价值取向及文化内涵的认知，它们既体现和展示一个城市的视觉景观品质，又能够对人的心理、行为以及城市社会产生深远影响，形成一种城市特色资本，进而对城市可持续发展发挥积极作用。相对于动辄投入千万元，甚至数亿元的植入性城市标志性建筑、大型景观空间，可意象性的公共环境设施也是一种相对经济、贴近民生，并且行之有效的塑造城市个性形象的设计途径。

当前，我国各地城市都在大力发展"绿色、环保、无污染"的生态旅游，而旅游本身强调城市生活差异的体验和城市特色的追求，与这种城市发展追求背道而驰的是，时下全国范围内大规模的"破坏性"城市建设留给旅游者记忆深刻的画面越来越少，在这种不利情形下，研究并设计具有城市"记忆"和特色的城市景观，向游人展现城市的特色风貌与悠久的历史文化，能够促进城市旅游事业的发展。另外，设计以构建城市个性特色为目标的环境景观还能够帮助人们找到对家园环境的认同感、归宿感，有助于城市精神文明建设，增强社会凝聚力。

将公共环境设施纳入城市意象个性的研究体系，能为公共环境设施的人性化、个性化和特色化设计提供环境心理学上的理论研究支持以及可操作的设计特征参照。公共环境设施的设计要素包括形态、色彩、尺度、材质、肌理等，其中，形态、色彩、装饰是设施设计的三大主要设计要素，本书以下章节的研究思路以景德镇城市的公共环境设施为研究对象，将城市意象理论的研究成果从形态、色彩、装饰三个层面进行剥离和归纳总结，从设计三要素的角度出发，对该市的公共环境设施设计进行基于城市意象理论的初步研究分析和设计探讨。

第二节　基于城市意象的景德镇
公共环境设施形态探讨

　　公共环境设施是城市景观和城市文化的重要组成部分，其形态是影响城市意象的一项重要内容，本节内容着眼于设施形态，通过梳理可意象形态的城市意象研究理论，在分析了案例城市可意象设计资源的基础上，总结归纳出若干可意象设施形态的设计手法，探讨地域文化与公共环境设施设计相结合的城市设施形态层面的可意象途径。

1. 城市意象理论中的形态研究

　　形态是指事物本质在一定条件下的表现形式，包括形状和情态两个方面。形状是物体外部的面或线条所组成的表象，指一个物体的外在形式；情态则是指蕴含在物体形状之中的"精神态势"，因此，形态也可以说是物体的"形"与"神"的结合。在设施的诸要素中，形态是设施功能和结构的载体，也是色彩、材质、尺度等要素的基石，形态对于设施设计的成败优劣起着至关重要的决定作用。

我们对世界的认识完整地与对它的知觉联系在一起，知觉活动意味着辨识形态，对这方面的研究有杰出贡献的格式塔心理学派的观点认为，形态应当言简意赅，即任何图形或形状都应该尽可能地简单、清楚，并且以易于理解的方式出现，从而方便被感知。

美国学者凯文·林奇（LynchK.）把意象从心理学领域引入城市研究，开创了城市意象研究的先河。林奇认为："一个容易产生意象的城市，应该是有一定的形状、有特征的、惹人注意的。对这种环境的感知不仅是简化的而且是有深度和广度的。"公共环境设施是城市机能和意象不可缺少的部分，形态特征鲜明的设施方便被感知，设施形态的这种独特性、特殊意味性应当系统化地广泛展开，并且注意挖掘设施的形态内涵，使它们能够为人们提供更多关于环境的信息，从而增强人们对城市内在体验的深度和强度。

Appleyard的研究将城市意象理论进一步地精细化发展，他认为构筑物的可意象性可以归纳为三方面的要素，即形式、可见度、使用与意义。公共环境设施如果在形式上有自己的城市特色，与其他城市的设施存在明显的与众不同，其独一无二的形式总是使人对这座城市留下深刻的印象。

在借鉴各种理论研究成果的基础上，我们得出这样的观点和判断：容易创造意象的设施其形态应该是简洁清楚的，有着独具特征的外形；这种形态还具有能够传递出关于城市或环境信息的内涵，并且使人容易理解。

2. 景德镇陶瓷文化中可意象性的形态资源

由于历史文化背景以及自身发展历程的不同，每个城市都有其特殊的性格和特征，这些是一座城市在内容和形式明显区别于其他城市的个性化特征，它们具体包括城市的自然环境、城市格局、文物古迹、建筑风格以及城市的性质、产业结构、经济特点、传统文化、民俗风情等内容，这些内容都可能成为人们的符号记忆与区域的文脉特质。公共环境设施作为一座城市的公共环境产品，必然存在于特定的环境和空间中，除了提供功能性服务外，在一定环境的公共环境设施还应当包括对其存在的城市或区域的回应。公共环境设施的外形和内涵如果能够反映城市特色和地域文化，必然能够展现出其独有的性格和特征，使人们容易识别，以区分于其他城市和地区的同类事物，从而给受众留下关于这座城市的深刻意象和体验。

以下我们以景德镇的特色地域文化为例，探讨公共环境设施的可意象化形态设计。

　　众所周知，景德镇是一座历史文化悠久的世界陶瓷名城，以陶瓷为线索展开，在其浓郁的陶瓷文化氛围中能够提炼出地域特色极其鲜明的形态资源。首先，景德镇这座古老的手工业城市有着制作陶瓷得天独厚的自然条件，这里有瓷石、高岭土、耐火泥等矿产资源，为本地制瓷业提供了原料保证。这些矿产资源虽没有固定形态，但却有着自身独特的分子结构，其固定的结构形态对于景德镇公共环境设施而言，是具有特殊意义的形态资源。将这些分子结构放大，成为矗立在城市的高速路入口的地标式构筑物，或经过艺术化处理，变成儿童的游乐休闲设施，这种孩子和瓷的亲密接触，有助于把陶瓷文化和精神的种子从小播种在瓷都的土壤上。

　　其次，景德镇制传统瓷做坯分圆器和琢器。圆器是指瓷器的器型为圆形，如盘、碗、杯、碟等；琢器是指不能完全依靠陶车制成的瓷器，如瓶、缸、钵、盆、汤匙、镶器等。这里还有一整套的手工制瓷工具，如辘轳车、吹釉壶等。如果将这些形态和功能早已深入民心的各种物件在用途和背景条件上稍做调整与改动，便能产生戏剧化的效果，同时不失浓郁的地域特色。比如公园里能够当座位使用的盘子和汤匙、外形和结构模仿辘轳车的景观建筑（如图4-1—图4-3）等。

　　此外，提到烧制瓷器，就不能不说

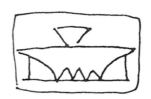

图4-1　辘轳车草图

图4-2　模拟辘轳车形态的德国克哈米翁博物馆（外）

窑炉，景德镇制瓷窑炉经历了从宋元时期的龙窑、馒头窑到明代的葫芦窑，再到清代的蛋形窑、青窑的发展历程，这些练就了瓷都的千年辉煌的窑炉形态不一，各具特色，将这些形态运用在地下通道入口、建筑入口或者经过功能化的设计，变成主题公园里的游戏迷宫，广场和街道上的趣味休息座椅、花坛、垃圾箱等设施，都将成为景德镇内涵丰富的城市景观。

　　最后，除了陶瓷物质文化中能提炼具有地域特征的形态外，本地的行业文化、民间习俗等非物质文化以及地理气候条件、生态环境、盛产的动植物等自然条件中都蕴含着与瓷都意象有着千丝万缕联系的设计资源，它们共同构成了一个完整且综合的景德镇城市意象。

　　可意象设施形态所体现的场所精神能够帮助人们找到对家园环境的认同感、自豪感，增进社会凝聚力，促进社会的和谐发展，提

图4-3 模拟辘轳车形态的德国克哈米翁博物馆（内）

升生活品质，正如同建筑现象学所解释的那样，"只有当人经验了场所和环境的意义时，他才真正'定居'了"。同时，设计具有构建景德镇城市意象意义的设施形态有助于提升城市的景观品质，塑造城市个性形象，以此成为城市可持续发展的资源之一。

3. 可意象形态的几种设计手法

从陶瓷文化资源中提炼具有意义的形态原型，可运用多样化的设计手法加工设计成可意象的公共环境设施形态，具体如下：

移植——将一定体系、场景中的事物或元素借用到另一环境条件中，两处背景的特点或结构体系反差越大，设计效果越突出。比如某城市的公交站点设计，车次站牌、遮雨棚、休息座椅等设施的形态都取材于当地的传统文化元素，将传统以新的方式和功能融入现代生活，使人在既熟悉又新奇的感受之中再次领略传统文化的感染力（图4-4、图4-5）。

加法与减法——从生活环境中选择一件形态简洁的传统物什，比如汤匙和瓷盆，在其原型基础上做适当添加或剪切，并置换其原有功能。根据视知觉关于连续律的研究证明，一个不完整的形体在有理智的眼睛看来也是连续的或完整的。因此，改变后的物什形态应继承有原始形态的内涵，但是增添了一丝趣味性（图4-6）。

模块化——类似七巧板游戏，从传统文化中提炼出一个形态符号后，处理成一个形体结构简单的意义单体，并赋予其一定的功能，继而根据环境场合的需求任意组合拼接。模块化设计经济高效，具有时代性，传统形态元素的模块化设计，既传统又新颖，给传统文化赋予新的生命力。

情景故事法——将本地的民俗风情、传奇逸事以物化的情景故事加以表现，提供一定的功能，使人与设施可以互动，将这些濒临流逝的家园记忆和谐融入我们的生活。

中国风

——主题候车亭设计之一

设计说明：

　　"亭"作为一种停留休息的公共场所，是我国一种历史悠久的传统建筑形式。候车亭设计取亭的文化内涵和传统形制，简化并保留反宇飞檐、精美木构架等传统建筑结构特点，给生活在现代的中国人创造一处亦古亦新、古今流转的休息、等候场所。

图4-4　学生作业　作者：胡道勇　指导：张明春　排版：杨玲

——主题候车亭设计之二

设计说明:

　　安塞腰鼓是黄土高原上一种非常独特的民间大型舞蹈艺术形式,也是国家非常重视的一项非物质文化遗产,将这种独具特色的民间艺术物化于公共设施中,使候车亭设计从千人一面的形象中脱颖而出,体现出鲜明的中国地方风格,这同时也是传承和发展传统文化的一种途径。

图4-5　学生作业　作者:刘家华　指导:张明春　排版:杨玲

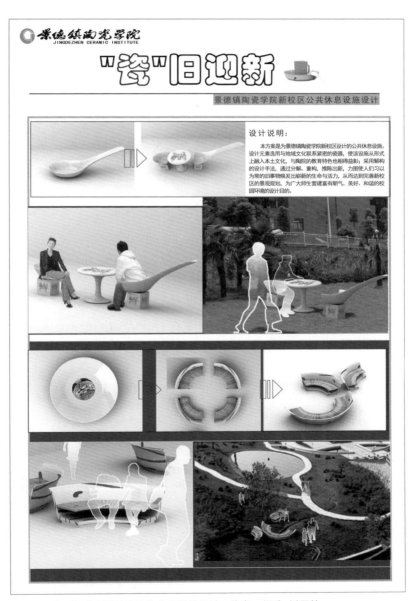

图4-6 采用加减法设计思维的休息设施设计 作者: 杨玲 刘磊林

　　模拟法——一种类型是仿生法，模仿地域生态环境中有生命事物的形态及其生理特点或结构特征，并赋予一定的设施功能，比如，三叶草是景德镇本地极其寻常的一种植物，模仿它的多叶形态以及朝开夕拢的生理特点设计一款能收拢，展开后不同高度的可供不同生理特点的人选择的公共座椅（图4-7）；另一种类型是仿真法，在景观设施或其他功能设施中模仿借鉴自然山水的形态特点，比如苏州博物馆庭院中的抽象写意的壁上假山、杭州西湖的"水漾"系列休息设施和照明设施。

　　可意象的设施形态能够在给人们提供功能服务的同时，还起到加深人们对城市认知、塑造高度可意象城市景观、促进城市发展的"文化动力因"作用。瓷都景德镇有着让人们还没有一窥端倪便有深刻陶瓷意象的城市魅力，然而，在伴随着城市化发展而来的城市形象趋同、地方文化流殇所引发的城市特色危机洪流中，这座因瓷而兴的古老手工业城市也未能幸免地拥有了一张大众化的城市面孔。研究具有构建城市意象意义的公共环境设施形态对于延续并传承景德镇城市文脉、打造特色鲜明的景德镇城市形象等方面具有重要的时代意义。

图4-7　仿生花瓣椅　作者：嵇晶晶　指导：杨玲

第三节　基于城市意象的
景德镇公共环境设施色彩探讨

公共环境设施的色彩对呈现城市风貌、塑造城市意象也有重要的影响和作用，本章节梳理可意象色彩的城市意象研究理论，从公共环境设施色彩的来源和设施的可意象性色彩方案设计两个方面入手，探讨一个有助于营建景德镇城市意象的公共环境设施色彩设计方案。

1. 城市意象理论中的色彩研究

意象原本是心理学领域的研究内容，城市意象，简单而言指的是"对城市文化的一种群体认知"。20世纪60年代美国城市规划学者凯文·林奇将"城市意象"这个术语引入设计与规划领域，如今，研究城市意象已经成为一种更为人性化的城市研究方法，城市的可意象性也可看作检验城市视觉品质的一项指标。

根据城市意象理论，形成城市意象的物质形态素材包括道路、边界、区域、节点和标志物，而这五元素显性或隐性地几乎包括了所有的公共环境设施内容，比如，与道路相关的公共环境设施就包括各种交通类设施、管理类设施、照明类设施、无障碍类设施等，从这个意义上看，在城市空间中具有博广细微特点的公共环境设施对城市意象的形成和营造具有不容忽视的影响。

林奇经过分析归纳认为，环境意象由个性、结构和意蕴三部分组成。在这三者当中，首要的便是个性，具有个性的环境意象是人们通过空间和社会活动的体验和感知获得的，有别于其他城市的物质和精神成果的外在表现形式。是否拥有个性化的意象，对于当今特色流失、风貌趋同的城市状况而言，有十分重要的现实意义。个性鲜明的环境意象往往有赖于形状、色彩、规划布局等的精心设计。相对于形状、布局等要素而言，色彩是一个能够相当强烈而迅速地诉诸感觉的因素，更容易被人感知，因此，色彩对塑造视觉品质优秀的环境意象具有积极意义。

鉴于色彩对城市可意象性的意义，以及公共环境设施对城市意象形成的作用，下面就以公共环境设施的色彩设计作为一个小的切入点，展开关于城市意象和视觉品质的讨论与分析。

2. 城市色彩与公共环境设施色彩

公共环境设施的色彩设计隶属于城市色彩设计体系，是城市色彩设计的进一步细化。"城市色彩"（Urban Color）一语诞生于20世纪60年代的西方，对它的重视和研究是基于飞速发展的城市化进程带来的城市色彩混乱而展开的。城市色彩设计是将现代色彩学原理运用到城市规划中而产生的一门新的色彩规划研究学科，它探讨的是城市文化特色与其色彩选择之间的关系，研究色彩对城市视觉品质以及城市特色的作用，具体到城市规划与建设中的色彩标准问题。从某种意义上来说，城市色彩与城市意象有着千丝万缕的联系。

在城市色彩系统中，除了占据城市景观环境色彩总量70%~80%的建筑物色彩外，剩下的几乎都是公共环境设施色彩，比如广告招牌、标志标识、公用电话等信息系统设施色彩，垃圾箱、饮水器、公共厕所等卫生系统设施色彩，街头小品、花坛绿化等景观系统设施色彩以及人行天桥、道路铺装等交通系统设施色彩……公共环境设施体量虽小，数量却庞大，其功能对市民城市活动的展开具有重要意义，其色彩处理得当与否，足以影响城市整体色彩的视觉品质。

公共环境设施的色彩应该由两部分组成，即环境色与设施色。公共环境设施处在城市公共空间景观环境中，其色彩对于形成和谐统一的环境整体色调十分重要，环境色的采用有利于设施和谐地融入城市整体色调关系与城市文化中去，成为城市视觉景观和城市特色文化不可分割的部分；设施色是公共环境设施自身的色彩特征，这部分色彩使其具有可读性、可识别性，进而实现其可用性的功能目的。

公共环境设施的环境色取决于主题鲜明的城市空间环境色调。一些发达国家的城市在城市化进程中早已形成了自身的城市环境"特征色"。例如，以米黄色统和深灰色统为城市色彩基调的巴黎老城区；在"都灵黄"主旋律下城市色彩丰富协调的意大利城市都灵；以承载着历史的暗红色为主调的美国波士顿。而亚洲的日本在20世纪80年代，也以立法的形式对城市色彩进行规划，目前，日本大多数的城市都建立了相对规范的城市色彩应用原则，形成了具有自身特色的色彩风格。随着人们对城市环境质量要求的逐步提高，国内一些发展较快的城市也开始寻找有标志性的城市主色调，并给人们留下了深刻的印象：北京的"贵族灰"、杭州的"水乡绿"、苏州的黑、白、灰以及哈尔滨的梦幻浅色调……

城市环境有了明确的主色调，大大小小，种类繁多，形态各异的公共环境设施才能够利用环境色的联系在主色调上有序统一起来，形成各具特色但又具有高度连续性的城市意象，从而被人们逐渐清晰地感知。

3. "陶瓷色"——景德镇公共环境设施的色彩

如同大多数的国内中小型城市，景德镇在近几十年的经济快速发展中极大地改变了原来的城市面貌，往日和谐的城市环境色彩为潮水般涌现出的各种新建筑群所淹没。传统的环境色彩被打破，新的色彩秩序却因种种原因未能建立起来，从而导致目前的城市环境色彩出现前所未有的无序和混乱。作为一座享誉世界的瓷都，今日景德镇在城市色彩上已泯然芸芸众城矣，没有一套符合自身特色的城市环境色彩系统。鉴于环境色对建立有序统一的公共环境设施系统的重要性，寻找景德镇特有的城市主色调成为景德镇公共环境设施色彩设计的当务之急。

法国色彩学家让-菲利普·朗科罗（Jean-Philippe Lenclos）说过"色彩取材于本土，是独特文化的保障"，这位"色彩地理学"概念的创始人认为："一个地区或城市的建筑色彩会因为其在地球上所处的地理位置的不同而大相径庭，这既包括了自然地理条件的因素，也包括了不同种类文化所造成的影响，即：自然地理和人文地理两方面的因素共同决定了一个地区或城市的建筑色彩。"景德镇这座因瓷而闻名的古都，其独特的自然地理环境和人文社会风貌孕育和滋养了历史悠远、浑厚绵长的陶瓷文化，景德镇城市主色调的定位天然因此与陶瓷有着深刻的联系。

从自然地理条件来看，属于山区城市的景德镇有着四季分明的气候，这里山明水秀的高岭山、风光旖旎的东埠古镇、风景如画的瑶里等自然环境在雾霭晨昏里孕育着陶瓷文化，它们是萃取景德镇

图4-8　组图一

主色调的自然色彩资源（见图4-8　组图一）；就人文地理条件而言，诸多古窑遗址、窑厂、珠山龙珠阁、文化古迹莲花塘、浮梁旧城、城中的古街和老建筑以及与陶瓷相关的逸事传说、民间的风俗习惯等都氤氲着古老的陶瓷文化，它们是萃取景德镇主色调的人文

图4-9　组图二

色彩资源（见图4-9　组图二）；至于那些定格在历史中幽静雅致的青花、明丽隽秀的窑彩、古朴清丽的古彩、色彩绚丽的粉彩等陶瓷装饰色彩则是景德镇主色调的直接取材来源，它们是凝固的景德镇陶瓷文化色彩（见图4-10　组图三）。

　　将以上三组图进行像素化处理，将对象中所有的颜色提取出

图4-10　组图三

图4-11　　组图一色谱

图4-12　　组图二色谱

图4-13　　组图三色谱

来，适当地简化过于复杂的色彩组成，从而提炼出象征景德镇陶瓷
文化的自然环境色彩、人文环境色彩、陶瓷材料及其装饰色彩，如
图4-11—图4-13组图一色谱至组图三色谱，然后对这些色彩数据进行
分析、归纳和总结，以图表色谱的方式组织出地域环境的主色调、
辅助色、点缀色（像素提炼过程中有所省略，故参考组图一至组图

表4-1　"陶瓷色"公共环境设施色谱

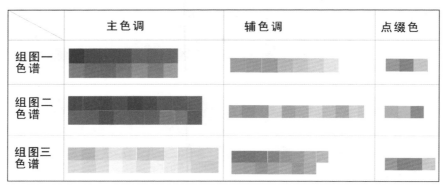

三）以及各色彩之间的数量关系（见表4-1）。色谱中的色彩比较能够全面而真实地反映陶瓷文化的色彩，这些独到并且有着深厚文化底蕴的色彩就是能够象征景德镇城市特色文化的"陶瓷色"，"陶瓷色"中的主色调可作为景德镇个性化公共环境设施色彩中环境色的参照来源，辅色调或点缀色则作为不同类别公共环境设施的设施色参照来源。

4. 基于视认性的设施色彩构成分析

　　色彩的视认性是指对底色上的图形色的可辨认程度。色彩的视认性与图形色的大小及其复杂程度，图形色与底色在色相、纯度、明度上的差别，观察视距以及照明等因素有关，这些因素中以前两者对色彩视认性影响最大。

在设施的色彩构成中，将环境色作为设施色彩中的主色调（底色），可以取得设施与环境的兼容性，环境色可以是从环境主色调中选取的一种颜色，也可以是色群。设施色作为设施色彩的点缀色（图形色），采用与环境色反差比较大的色彩，起提示和点缀作用。根据图底关系的理论，图形面积大时（不超过底色的面积），其视认性就高；图形面积太小时，其视认性就低。为了兼顾视认性与环境兼容性，大多数情况下，设施色在设施色彩构成中的比例应该≤10%。而一些国际和国内对公共环境设施色彩的规范惯例则另当别论，比如，国际上通用的残疾人指示标识色彩是高反差的蓝白两色；国内对交通设施色彩有一套统一细致的标准和规定：引导标志采用蓝色（高速公路和城市快速路采用绿色），警告标志采用黄色，禁令标志采用红色，旅游指示采用棕色……这些设施色彩中环境色的来源以及环境色与设施色的比例关系都不在一般情况之列。

设施色与环境色在色相、艳度、明度上的差别对设施色彩视认性的影响也很重要。设施色与环境色在色相、艳度、明度上的差别越大，设施色彩视认性就越高；反之，差别越小，视认性越低。设施色与环境色的对比效果应该结合公共环境设施的功能考虑。一般而言，信息类设施，比如交通标识、道路指示牌、电子问询装置等的视认性要求最高，这类设施的色彩对比在公共环境设施系统中应最为强烈；休息设施、商业服务设施、卫生设施的醒目程度应弱于指示系统；管理类设施如配电箱、排气塔、窨井盖等，其色彩识别性要求较低，可以使用弱对比的色彩关系使其隐藏在道路两旁。但是也不排除有以上秩序之外的特殊用色情况，比如消防栓，它属于识认度要求较低的管理类设施，但国家统一规定其采用红色，为的是一旦发生险情，能够在环境中被迅速识别。

除了遵循以上的色彩构成原则外，景德镇的公共环境设施在用色上可以分区的形式制定区域化的公共环境设施色彩色谱，比如位于城市边缘的古窑、三闾庙等风景区域可采用组图一色谱，以主色调复合灰色调作为设施色彩中的环境色，建立与自然和谐统一的景德镇特色的设施色彩；老城区的公共环境设施则沿用从组图二色谱中提炼出来的色彩，以主色调暖灰色作为设施色彩中的环境色，以点缀色或辅助色调作为该区域设施色彩的设施色，塑造承前启后的景德镇民俗风情色彩；陆续新兴地陶瓷创意产业区是城市对外的重要名片，取用从陶瓷装饰色彩中提炼的组图三色谱，陶瓷文化与景德镇城市意象更直观生动地联系在一起，以给外来人员留下意象鲜明的城市记忆。将特定的色谱与特定性质的城市区域对应起来，建立二者之间的联系，随着外来人员对城市不断地深入接触，这种联系也不断地得到强化，设施的色彩分区为观察者洞察环境的规律和特点增加了一条线索，通过辨识色彩这条捷径，观察者能够清楚地了解环境，辨明方向，有目的地进行迁移活动，从而达到运用设施色彩的设计强化城市意象的目的，使景德镇成为一个拥有高度可意象环境的城市。

城市的可意象程度高低能够折射出居民对城市的文化认同感，以及外来者对这座城市是否有美好、清晰的判断。公共环境设施因其品类庞多的特点，对城市意象有着比较重要的影响，其色彩更是能直接影响人们对城市意象的判断与评价。通过对设施色彩的来源及其构成的控制来规划景德镇城市公共环境设施色彩设计方案，能够在色彩上建立一种继往开来的文化关系，使城市景观色彩也融入景德镇陶瓷文化生态链之中，使景德镇城市景观在视觉品质上称得上是一座名副其实的民族化、国际化瓷都。

第四节　基于城市意象的景德镇
公共环境设施的装饰要素探讨

　　城市意象在人们的心中形成，视觉的因素占据极大的份额。视觉对设计成败，对城市意象的形成起到至关重要的作用，装饰作为重要的视觉设计要素，对城市意象的影响不容小觑。作为世界闻名的瓷都，陶瓷装饰文化是景德镇陶瓷文化中的精粹，要探讨有助于形成生动城市意象的景德镇公共环境设施装饰设计方案，全面了解中外现当代公共环境陶瓷装饰活动有重要的借鉴和参考价值。

1. 陶瓷装饰活动简述

　　任何一件陶瓷艺术作品都是材料质地、造型和装饰三者的结合。陶瓷装饰是相对于造型而言，指陶瓷表面附着的纹样、色彩和肌理效果以及局部的圆雕、浮雕等形体处理，它存在于陶瓷艺术创作的全过程，包括形体样式、尺度、材质的选择和表面的肌理、色泽、质感以及彩绘的手段和图案等。根据装饰对象和目的的不同，陶瓷装饰活动可分为以下几类情况：

第一类，陶瓷器皿上的装饰活动。这类陶瓷装饰行为由来已久，我们祖先对美的追求从远古时代就铭刻在陶器纹饰上，考古出土的新石器时代的各种陶器上都有装饰纹样，这些装饰呈现出的对称、韵律和节奏，体现了先民对美、对艺术的萌动。

第二类，陶瓷器物本身。陶瓷制品因其特殊的工艺，特有的装饰效果以及独特的文化内涵，在中国传统的装饰文化领域占据着重要的位置，历代的建筑室内都不乏陈列日用陶瓷或艺术品陶瓷以美化居室环境的例子。

第三类，运用特殊工艺、材料和技艺在陶瓷表面进行装饰性的艺术创作，用于修饰和美化陶瓷附着的构筑物与环境。这类形式的陶瓷装饰活动，古今中外屡见不鲜：12世纪左右，瓷砖在欧洲就作为一种普遍的建筑装饰材料，被广泛运用于居室环境的装饰。这些瓷砖十分华丽考究，有着丰富的纹饰，色彩纷呈，规格和尺寸也十分多样化。在国内，早在战国时代，就能制作出大量精美的浮雕地砖、透雕提杆砖；秦朝的兵马俑更是震撼人心的陵墓环境陶艺；自北魏开始应用的建筑材料琉璃则催生出了金碧辉煌的中国宫殿建筑、九龙壁等环境陶瓷装饰艺术……此种类型的陶瓷装饰活动摆脱了器皿的形体束缚，牵引着陶瓷艺术逐步从架上走到公共的视野，最大范围地向公众展现了陶瓷装饰独特的韵味，是一种公共环境中的陶瓷装饰艺术，是对城市公共空间景观品质有重要影响的公共配景设施，因此，这种类型的陶瓷装饰活动是本节探讨的重点。

2. 现当代的公共环境陶瓷装饰艺术活动

2.1 公共环境陶瓷装饰艺术的经典瞬间

西方近现代艺术发展史上，由于罗丹、高更、马蒂斯、毕加索、米罗这些艺术大师们的涉足，带动了陶瓷艺术在公共艺术领域的发展。陶瓷丰富的肌理与形态表现，不可复制的釉色效果与泥做火烧的独特魅力，坚固实用，耐腐蚀的性能，以及那种与生俱来的天然亲切感使其得以在艺术领域再次焕发出新的生命力。

现当代陶瓷公共艺术能够形成一定规模和装饰艺术风格的，当以19世纪末和20世纪初，高迪在巴塞罗那的环境陶艺作品最为人们津津乐道。在古艾鲁公园的陶艺创作中，高迪特立独行地将大自然环境和公园建筑以超现实的手法结合在一起，使得古艾鲁公园的建筑主体造型极具雕塑感，然后运用不规则的釉面陶板和马赛克进行拼贴，装饰那些蜿蜒起伏的曲墙、拱廊、阶梯、栏杆、路面、洞穴、座椅以及动物造型，在一片光辉灿烂且极具表现力的陶瓷碎片装饰下，整个公园如同一个天马行空的童话世界。高迪的作品从民族文化中吸取精神力量和养分，我们欣赏他的设计能感受到长期以来维系着加泰罗尼亚人的独立精神以及那种不拘一格的独立设计传统。

除此之外，闪烁在公共环境陶瓷装饰艺术星空的人物和设计作品还有：20世纪50年代米罗在联合国教科文总部创作的陶板壁画景观《太阳墙》，他运用陶瓷丰富的釉料表现，延续了他在绘画领域的一贯风采。日本当代陶艺家会田雄亮深谙陶瓷材料潜在的自然之美及其形态易塑的特殊魅力，创作了大量个人艺术风格鲜明的陶艺景观工程，显示出与环境的无比交融。此外，梅斯特、巴巴拉等众多艺术家都以自己的方式丰富着陶瓷公共艺术的装饰艺术成就。陶瓷公共艺术虽不以功能性为主要目的，但它的装饰艺术成就对公共环境设施的陶瓷装饰设计具有一定的借鉴意义。

2.2 中外陶瓷重镇的公共环境设施陶瓷装饰活动掠影

国内外有不少以陶瓷文化闻名的重镇。国内除景德镇外，尚有佛山、宝岛台湾的莺歌镇、集集镇等陶瓷名镇，日本的濑户、常滑等地，也与陶瓷有极深的渊源。

莺歌镇将公共环境设施的陶瓷装饰活动纳入城镇的陶瓷文化整体规划与设计的系统工程之中，有计划、有层次地展开。具有地方装饰风格的陶瓷休息设施、陶瓷景观设施等，成功地提升了莺歌的特色与形象，促进了这个陶瓷城镇的多元化发展。20世纪90年代，地震灾后的集集镇加快展开了由政府、市民以及社会各界共同参与的"集集陶艺造镇工程"，取得了公共环境设施陶瓷装饰的诸多成果，如以手印、叶纹陶砖为设计重点的震灾纪念设施，以改造街道标识设施、休息设施、绿化设施为主的"龙泉街陶瓷景观小品工程"，以及以造型陶片为主材料的隧道入口景观设施等。这项多以公共环境设施的本土特色化设计为落脚点的系统工程，既完成了灾后重建的工作，又拉动了本地陶瓷文化旅游经济的发展。

日本陶镇从20世纪60年代开始就将陶艺广泛地应用到建筑、公共设施和各种公园中，积极地用环境陶艺改善城市形象。这些陶镇虽没有明确的陶瓷文化造镇目标，但它们对有限资源艺术化运用和对各种陶瓷材料的潜在美的挖掘和认知，使其公共环境设施的陶瓷装饰充满细腻和意味深远的美感。比如在以生产工业陶瓷为主的，有很多用陶瓷废弃物装饰的小径，墙面由清酒缸堆叠，地面铺装取材自陶管的半环形陶片，使路面具有防滑的功能，自然不加修饰的几何圆弧环环相扣，蜿蜒远去，引人遐思。日本陶镇对传统的宣扬和用心经营的设计态度值得我们学习。

这些因陶瓷而闻名的古老城镇，顺应了时代，将本土化的陶瓷艺术与时代发展需求、公众需求相结合，形成了具有地方文化烙印的公共环境陶瓷装饰艺术。那些兼具功能性和审美需求的公共环境设施，既服务于人民，又促进了城市经济的发展和知名度的提升，同时也丰富了公共环境设施装饰设计本土意象化的内容。

3. 景德镇的公共环境设施装饰设计

3.1 景德镇公共环境设施的装饰设计现状

景德镇传统陶瓷装饰表现形式多样，宋代有刻花、印花、雕花、镂空、堆雕等，元代始盛行釉下青花、釉里红，与明代的五彩、珐琅彩、粉彩、墨彩等形成当时绘画性的装饰表现形式，这些都成为景德镇独特的装饰风格。其中最著名的装饰表现形式当数青花、颜色釉、粉彩、古彩、玲珑。从营建城市意象的角度出发，景德镇的陶瓷装饰文化，无论是外在的表现形式还是内在的文化意蕴都值得公共环境设施在装饰设计时进行考量和挖掘。从这点来看，目前景德镇公共环境设施的装饰设计环节存在以下几个方面的问题。

3.1.1 设施装饰与环境脱节

公共环境设施品类众多，分布广泛，目前，市内设施装饰设计以陶瓷文化为考量的仅有街道照明设施、若干管理设施以及景观设施，而大部分的设施仍与众多城市无异。设施与设施之间的装饰设计价值观的差异、设施装饰与城市文化之间的格格不入都造成了环境意象的分解与错位。

3.1.2 装饰水准良莠不齐

景德镇的陶瓷灯柱运用了青花、釉下彩、粉彩、玲珑作为装饰手法，绘制的民俗风情画卷，以及龙凤、山水等传统官窑、民窑瓷器图案，清新隽永，处处尽显景德镇悠久的历史文化和陶瓷魅力。部分新增的管理设施在材料处理、表现手法、色彩搭配上都显得粗制滥造，同样是形象工程，却与照明设施之间的装饰效果高下之分甚为明显。

3.1.3 景观设施形式单一，装饰趋同

景德镇市内景观设施以陶艺墙居多，众多陶艺墙在装饰表现形式、装饰手法，甚至尺度大小、空间结构以及色彩上的处理都相差无几，容易使人产生重复建设、缺乏新意的心理评价和审美的视觉疲劳。

3.2 公共环境陶瓷装饰艺术经验对景德镇公共环境设施装饰设计的启示

参详现当代的陶瓷公共艺术的装饰艺术成就，总结中外陶瓷重镇的公共环境设施建设成果，对景德镇公共环境设施装饰的城市意象化设计具有一定的启示：

首先，就陶瓷装饰艺术的成功表现手法而言，通常有这些形式："雕塑"，以雕塑的造型手法塑造外形，采用整体成型或分段成型烧造。比如街道旁的陶艺垃圾箱，经常被做成各种动物的形态，成为街道上的功能性艺术品。陶瓷材料自身的可塑性强，徒手完成的作品更能给生活添加情趣。"拼贴"，拼贴往往借助钢筋混凝土之类的材料筑"基础"，然后在其表层将一定数量的陶瓷板、砖或马赛克瓷片按照一定的规则拼贴成一个大型的、完整的环境陶艺作品。除此之外，绘画装饰、釉色装饰和肌理装饰也各具特点。绘画装饰最直接，也最方便；釉色装饰千变万化，色彩表现力丰富；肌理装饰源于陶瓷材料的天然优势，能使设计作品获得丰富的视觉质感和审美体验。陶瓷公共艺术的装饰方法随着材料语言的不断挖掘和开拓，还有很多，并且在实际运用中常常是几种装饰方法巧妙结合。借鉴这些装饰方法，有助于丰富景德镇公共环境设施的装饰语言。

其次，装饰设计离不开传统。传统不同于遗物，它是至今还具有生命力的东西。继承和发展优秀的传统，不是沉湎于古物之中，而在于继承保全作为传统精神的创作者的理念。高迪在巴塞罗那的作品极具独立创作的精神，洋溢着强烈的民族自豪感，这是设计者对加泰罗尼亚民族的独立自由精神的理解和继承。作为一个岛国，日本的自然资源有限，但天生的不足却促成了日本环境艺术设计充分利用现有资源和材料，化平淡为神奇的创作特色。日本的公共环境设施除了能满足实际的功能要求外，在装饰设计上尽显平凡朴实、意味深远的和式风格之美。中国是有着上下五千年文明的国家，景德镇是世界文明的陶瓷文化之都，这里的环境艺术设计应当能够体现民族的传统精神和地域的文化特色，由内而外地散发着它的独特魅力。

最后，城市的公共环境设施是一个相对独立的系统。在中外陶瓷重镇中，与景德镇情况类似，依靠整合优势资源成功转型的案例中，无不是将公共环境设施视作一个系统单元，融入城镇建设工程的具体计划中。比如集集镇的陶瓷造镇工程中开展的陶瓷景观小品工程计划，街道上的门牌、花座、吊盆等联系紧密的陶艺设施元素都是作为设施单元展开规划设计。公共环境设施系统是一个庞大的集合，其中包含功能关系紧密的小体系，公共环境设施的设计应当系统化地分区、分类逐层规划展开，而不是孤立的发展和设计。

公共环境设施是城市景观和功能的构成元素，能体现城市人文内涵和地域文化的设施设计会与它周围的绿化带、建筑群以至山林原野产生某种联系，共同构成一种具有特定内涵和丰富性的环境。当设施与它所处的环境组成一个结构系统的时候，城市的强烈意象便应运而生。景德镇的特色在于它深厚的陶瓷文化，陶瓷装饰文化作为景德镇陶瓷文化的重要部分，尝试其与公共环境设施设计的结合，有助于开拓意象化的设施装饰设计的新思路。

景德镇作为一座文化悠久，名声在外的世界陶瓷名城，在伴随着世界城市化发展而来的城市文化趋同和特色危机洪流中，城市规划师、设计师应抓紧陶瓷文化特色，借鉴城市意象理论成果，努力建设景德镇城市特色的公共环境设施系统，这对于构建城市意象、树立独具世界特色的景德镇城市形象，延续并传承景德镇城市文脉，发展城市旅游业等诸多方面均具有积极的现实意义。

第五章

城市公共环境设施的区域化设计初探

——以景德镇陶瓷大学校园为例

环境原是生物学范畴的用语，可以理解为"被围绕、包围的境域"，或者"围绕着生物体以外的条件"。环境设计师认为，环境可定义为"场"，它属于人类生存的时空系统。因此，环境广义上可理解为围绕着以人为主体的周边事物，这几乎包括了已经为人类所认识的，直接或间接影响人类生存和发展的物理世界的所有事物，它不仅包括阳光、空气、陆地、天然水体、天然森林等自然要素，也包括村落、城市、建筑等人工要素，同时还包括由这些要素构成的系统及其所呈现的状态和相互关系。

环境通常被划分为以自然风景为主的自然型环境和以人为建筑为主的城市型环境。自然型环境是生命源起的摇篮，城市型环境则直接给予人类生活质量很大的影响。

城市是人类文明高度发达的产物，是人们生活、工作的空间。从建筑学与景观学的视角出发，狭义的城市公共环境（相对于建筑室内环境而言）包括天空、山体、水域、河流、树木、花草等自然景观，也包括道路、桥梁、广场、建筑物、雕塑、公共环境设施等人造景观。城市公共环境始终是与城市、建筑、自然等相互联系而发展的。

城市公共环境也被称作"生活的容器"，这说明城市公共环境还包括以人为主体的城市公共空间生活形态的内容，城市公共环境设计还需要有效组织与人类活动相关的内容与基本要素关系。因此，广义的城市公共环境不仅包括有形的物质空间硬环境，还包括在城市公共环境中起作用，但不是固定有形的非物质空间的软环境，如人们的行为心理需求、习惯模式、人口构成特点以及生产、生活、文化等社会与人文因素。

第一节　城市公共环境设施的区域化设计

城市公共环境是一个复杂的综合体，从营造方式来看，城市公共环境可分为自然环境和人工环境。其中，自然环境包括风景区、保护区、保留区；人工环境包括广场空间环境（市政广场、纪念广场、商业广场、交通广场、休闲娱乐广场等）、街道空间环境（景观大道、商业街、大街、后街、小胡同等）、居住小区环境（居住区公共绿地、小区庭院、街坊庭院、宅边绿地等）、文教环境（学校、文化创意产业园、博物馆、红色教育基地等以文化和教育为主题的公共环境）等。

按功能类型，城市公共环境可分为集散型城市公共环境、商业型城市公共环境、交通型城市公共环境和休憩型城市公共环境。集散型城市公共环境的功能有集会、观光、留影、休息等；商业型城市公共环境的功能有商业、休憩等；交通型城市公共环境的功能有步行、车行、停车、货运等；休憩型城市公共环境的功能有休息、散步、观景等。

以上两种分类没有必然的冲突，也不是一一对应的，各种类别之间有着千丝万缕的交叉互含关系。在千姿百态的现实生活中，特定类型的城市公共环境通常以一种使用功能为主，同时混合其他多种使用方式，比如城市广场环境，作为一种休憩型城市公共环境，其功能既包括休息、散步、观景的功能，也可能具备商业、步行交通等用途；而商业型城市公共环境既包括有商业街、商业广场，也可能存在于公园环境和居住小区环境之中。因此，特定区域的公共环境设施设计在保证基本设计原则和理念的前提下，需要根据各种不同性质场所空间的实际需求，具体问题具体分析地进行设计处理，以保证特定公共场所环境设施使用的安全、便捷与舒适。

1. 街道环境设施设计

街道是指城市中两列相邻建筑之间的闭合的、三维的表面（克利夫·芒福汀，2004），其在城市中的功能主要体现在交通运输功能、经济功能、景观功能、认知功能以及交往功能五个方面，其中，交通功能与交往功能向来是专家学者们关注的焦点。

街道的基本功能是交通运输，其线性的空间形态使它们还具有城市公共空间和景观点联系物的作用，一些主要的城市街道连接城市重要出入口、各功能区和重要城市公共设施，并满足城市区域、轴线、节点之间的人流物流转移，因此，街道如同城市的"骨架"一般，其形态与城市功能布局、活动组织、整体景观特色密切相关。城市街道不仅为人们提供交通的功能，也是城市中最重要的社会生活公共空间，它们是评价城市空间环境质量的主要单元，其重要性正如芦原义信在《街道美学》中所述："一个城市给人的印象如何，最敏感的是城市街道，而城市街道以其外部特征如物质界面、空间构成等，被人们所记忆。"

从景观特征的角度，可以将城市街道分成城市交通性道路、城市生活性街道（包括巷弄和胡同），城市步行商业街道和城市其他步行空间（城市绿地步行道、滨水区步行道、小区散步道等）。街道作为城市中的一个场地或外部的一个大空间，如果能够具备内部空间的一些界面特性，那么这个街道给人们的体验是深刻的。城市街道两侧的景观设施（雕塑、POP广告、行道树、花坛、绿篱等）、功能设施（路灯、标示、信息屏、坐具等），连同街道两侧的建筑和地形，共同构成了街道的"边界"，街道地面铺砌不同材质和色彩的地面铺装，点缀着诸如树池箅、雨水箅、地面井盖之类的设施，形成"底界面"，建筑形体的变化和各种设施的布置对街道空间有二次分割的作用。如果将一条条街道比喻成城市的动脉血管，那么公共环境设施则是散落在这些动脉血管中的细胞，它们占地少、体量小、分布广、数量多，在细部精致、造型个性、色彩鲜明、识别性强等方面有很大的发展空间，是塑造街道环境景观品质的重要层面，形成着街道的景观意象，正如吉伯德所说："最理想的街道必须形成一个完全封闭的单元！一个人的印象越被限定在其内部，那生动的场面就会越美妙：当个人的视线总是有可注视之处而不至于消失在无限里的时候，他的体验是舒适的。"[1]

2. 广场环境设施设计

城市广场是为了满足城市居民的公共活动而设置的城市公共空间。它从空间形态角度上来讲是城市结构中的点状空间，表现形式多样，如城市外部开放空间、道路交会处、城市结构的变化处等。在城市结构感知研究著作《城市意象》中，作者发现，空间节点是一个城市被识别、被理解的要素之一，简言之，节点是一个给予城市"意象力"或者强烈意象的重要因素[2]。节点的特性，通过立面、地面、细部设计、照明、地形等作为支持感知的主要先决条件，而在这些条件中，设施显然占据了不少的分量。

城市广场的设施系统设计是城市广场环境空间设计的有机组成部分。城市广场的地面以硬质铺装为主，形成底界面，周边的实体建筑、构筑物、高大乔木、水面等形成"侧界面"，底界面和侧

---

① Collin, G.R.and Collins, C.C.Camillo Sitte：*The Birth of Modern City Planning, Rizzoli,* New York, 1986, p.199.

② Lynch, Kevin. *The Image of the City*, MIT Press, Cambridge Mass, 1960.

界面共同限定出广场的总体空间形态。设施系统，包括各种功能设施、绿化景观、小品、地面变化和细部处理等，配合广场内部的各种便民服务内容，对广场空间进行必要的领域性、小型化、多样化的二次限定，同时也是城市广场"感知力"的物质主体之一、广场景观品质的代言。

从功能上看，广场兼具交通、集散、娱乐休闲、商业服务和文化宣传等综合功能。此外，广场作为开放性的公共空间，又是一个社会中心，它为市民提供多样化的日常交往与社会实践活动场所，是城市文化生活的集中体现。可以说，城市广场犹如城市的"客厅"，广场内部的各种设施则犹如舒适宜人的客厅家具、赏心悦目的客厅陈设，它们的景观品质从一个侧面对外展示着城市的文化取向、精神风貌和市民的公共空间生活质量。

3. 居住区环境设施设计

居住区环境特指城市居住区范围中，与居住行为相关的外部空间环境与活动场所，它作为城市结构的有机组成部分以及社会生活网络的重要节点，也属于一种积极而普遍的城市公共环境类型。城市居住区环境作为一种比较特殊的公共环境类型，对于居住区内部人员而言无疑具有公共、开放的场所性质，然而对于居住区外部，其他城市整体而言，又属于具有一定的私密性的场所，是介于城市公共空间和私密空间之间的一种过渡空间。但是从城市设计的总体角度考虑，居住区环境中的绿地、广场及其附属公共环境设施依然有利于形成公共的城市开放空间和景观体系，共同构成并塑造城市景观环境的最终形象。

近年来，在以开发商为主导的居住开发模式下，由于小区规模、建设时序以及入住率等种种原因，出现了社区公共服务设施落实与规划脱节、建设滞后于住宅发展的现象，在社区公共设施数量不足、设施配套滞后、设施多样性不妥等方面表现最为突出。在居住区公共环境设施建设的实际操作中，有以下思路可以借鉴：

（1）城市居住区环境作为城市的一部分，可以将居住区内部与城市生活密切相关的，如交通、购物、通勤等设施，通过外向性布局，与城市发生关联，当居住区规模较小时，可以充分利用居住区的外部公共环境设施。

（2）居住区设施系统的设计作为环境设计的一部分，也需要整合基地内的自然生态与人文因素。重视对地形地貌、植物、水体等自然因素的保护和利用，重视城市及区域的历史文化传统，充分体现地域特色。尊重居民的行为方式或活动规律，满足居民生活及交往的需求，并特别注重通过环境设计营造场所感、社区归属感。

（3）小区主要出入口的设计可以通过设置标识，结合地面铺装设计、景观设施形成小广场，作为进入小区的前导空间。

（4）可以将公共环境设施与绿地等景观要素相结合，在居住区的主要景观处形成景观节点。例如在居住区或居住组团的出入口、院落中心、居住区的景观轴线上等处。

以市场为导向的城市居住建设在极大提升居民居住质量的同时，也由于资本追求最大利润的特性，给居住区公共环境设施的建设带来诸多弊端，影响了市民社会生活质量和城市景观品质。社区公共设施直接关系到居民的日常起居，事关民生，与社会、城市的整体发展息息相关，居住区环境设施的建设与城市整体形象建设挂钩，与城市自然环境、人文环境的有机结合，才有利于营造具有意象力的居住区环境。

一般而言，我们按照城市公共环境的营造方式分类来进行区域化的公共环境设施设计，是希望设施自带区域属性，是从区域特色化的空间结构形态、历史文化属性、社会功能中"生长出来"的一个单元系统，从而保证特定区域的公共环境设施自带家族"烙印"或相互之间存在一种系列化的关系。这种区域化的烙印，是区别于其他城市同性质区域、相同城市不同性质区域公共环境设施的一种个性的存在。而相互之间的关系具体表现在特定城市特定区域内，设施在色彩、造型、装饰等方面透露出某种具有内在联系或外在体现出的"共性"。这种共性在大大小小、林林总总的各种设施上不断重复、反复呈现，构成该区域环境意象化的一种基础，而对比不同区域，甚至不同地域的公共环境设施系统设计，该种共性又呈现出与众不同的个性化色彩，特色鲜明的城市区域环境意象随即呼之欲出。

各种区域化的城市公共环境为人们提供了享受自然和社会活动的场所，是展示城市景观特色与市民生活场景的舞台。它对于改进城市环境质量、增进人们之间的交往、传递城市的精神与文化、激发市民的情感认同与归属等方面，都具有十分重要的作用和影响。

除了以上三种主要的城市公共环境类型有进行公共环境设施区域性专题研究的必要性外，文教环境的设施设计、风景旅游环境的设施设计等，也是随着城市发展不断涌现的崭新课题，十分具有现实意义。下一章节我们仍旧以景德镇市为坐标，具体定位景德镇陶瓷大学为目标对象，展开以景德镇陶瓷大学为例的文教环境的公共环境设施设计的探讨。

第二节　校园公共环境设施设计探讨

——以景德镇陶瓷大学校园设施设计为例

　　学校在某种程度上代表着一个民族，一个国家的文化、经济、政治、道德等各方面的最高水准，同时，由于学校大多坐落在地方，因此，校园景观环境建设也应该具有地方历史人文、自然风物等的印记，展现出来的是大学精神、办学特色与地方文化的综合体。作为文化教育的摇篮，校园公共环境设施的设计仅重视紧凑、实用、耐用、易识别、便于加工等已满足不了学子日益增长的精神文化需求，也与学校在国家、民族中的重要精神与文化地位不相匹配，这就需要设计要能反映城市和区域的环境特征，还要有契合城市时代历史、民族、风土、宗教等因素，以及使用者的需要，在赖特提出的"有机建筑"的思想论述中，他认为，一栋建筑除了在它所在的地点之外，不能设想放在任何别的地方，这种观点放在区域化的公共环境设施设计上，依然十分具有指导性和说服力。校园公共环境设施只能是适合放置在文教环境中，某一校园的公共环境设施的设计只能是契合这所学校的精神、这所学校的文化、这所学校所处地域历史环境的行为，只有秉持这样的设计观，设计出来的作品才能最终成为学校综合体的一部分，成为整个城市景观形象的构成元素，才能凝聚学校独特的禀赋精华，成为具有这所学校意象力的设计。本章节中，我们以景德镇陶瓷大学校园为例，进行文教环境中公共环境设施设计方案的试验。

景德镇陶瓷大学坐落在世界著名"瓷都"景德镇，是全国唯一一所以陶瓷命名的多科性本科高校，是全国乃至世界陶瓷文化艺术交流、陶瓷人才培养和科技创新的重要基地，陶瓷历史人文资源优渥。学校的主要校区在湘湖镇，占地1600余亩，境内具有丘陵地貌特征，地势起伏，空间布局有纵向层次，依山傍水，自然环境优越。我们将校园设施设计试验与环境设计专业的为期4周的《公共环境设施设计》课程相结合，以校园主要设施类型——休息设施、垃圾箱、自行车停放设施、标识系统设施等为设计对象。首先，通过校园公共环境设施的考察，总结出部分设施的现状与特点，然后以归纳问题、提出要求的方式，对校园设施进行针对性的改良优化设计。由于休息设施、垃圾箱、自行车停放设施、标识等在校园设施总量中所占比重最大，同时也能比较集中地反映出校园设施的主要问题。因此，我们以上述设施为主，展开基于实地考察、以具有意象力的设施为目标的陶大校园设施设计过程与原理的说明。

通过初步调研校园内的公共环境设施，对其种类、利用率、人体舒适度、使用人群特点、文化性、地域特色等情况进行评价与分析，我们发现陶大校园设施主要存在三个方面的问题：

（1）校园内设施配备量与质的欠缺。比如在生活、健身、学习众多存在休息需求的领域，休息设施常处于空白状态；设施覆盖到的区域也普遍种类单一。

针对这个问题，为力求设施设计服务于实际，具有特定环境的独一无二性，课程伊始，我们安排学生对校园人群行为与活动进行观察，并自行选择有潜在休息需求的特定地点，进行活动人群行为的持续数天的观察和记录（见图5-1、图5-2、图5-3、图5-4）。

观察、记录、分析特定地点的人群行为能够为后续该地点休息设施的设计提供大量可靠的信息和有效的设计思路。比如，通过持续一周左右（考虑到工作日和节假日的不同情况），每天定点对人群数量的统计，可以基本确定该地点活动人数的上限和下限，这两个数据对休息设施的数量设置具有直接的指导意义，从而杜绝了休息设施过多闲置或经常不够用的情况。记录和归纳人群活动类型和活动状态，可以清楚地了解该地点活动的特点，从而对休息设施类型和休息设施排列组合等有重要指导意义，例如人群活动以个人或小群为主，活动状态以静态活动方式（如看书、赏风景、谈恋爱）为主，那么休息设施在尺度上可以考虑以单人和双人为主，多角

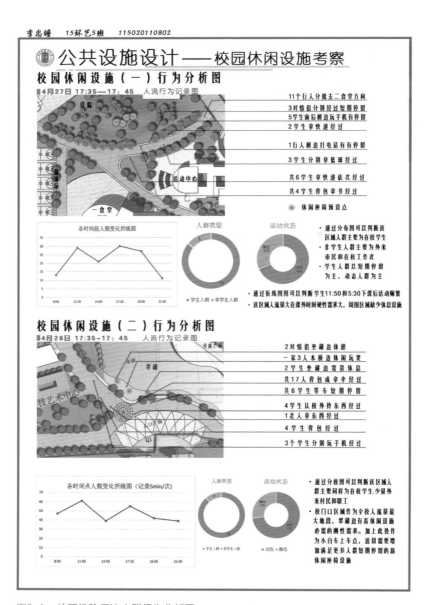

图5-1　校园设院周边人群行为分析图

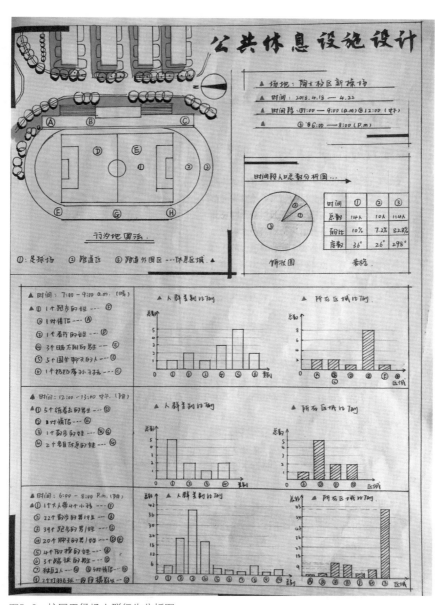

图5-2　校园田径场人群行为分析图

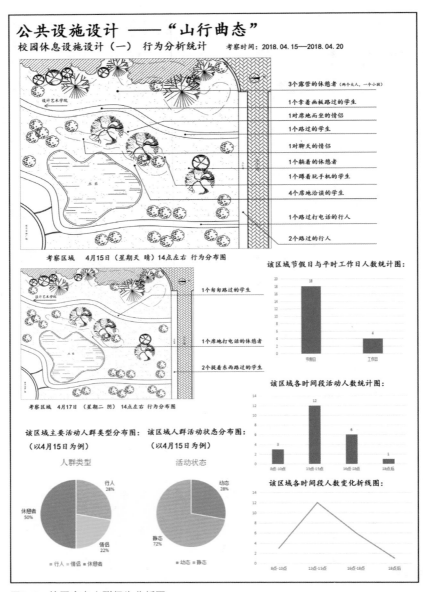

图5-3　校园定点人群行为分析图

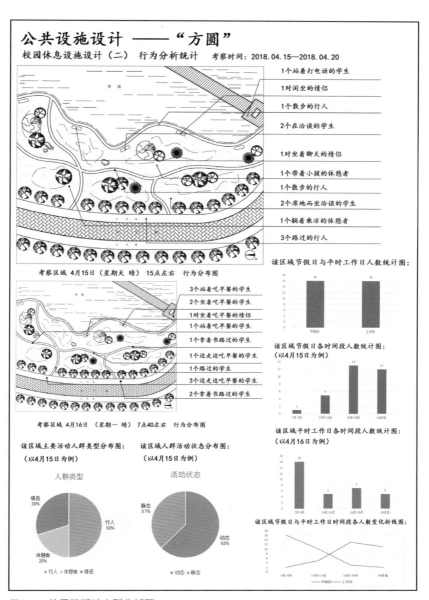

图5-4 校园翠湖畔人群分析图

度的朝向组合形式，最大限度地调动设施的利用率、减少空间占有率；如果人群活动以小群或群体为主，活动状态以动态为主（小家庭玩耍嬉戏、外来游览人群），那么，休息设施就要考虑多样化的类型，有正式的坐具，也要有非正式临时或者兼用型的休息设施，同时还要考虑设施的趣味性以及多功能性，最大可能地满足短时间驻足、长时间停留、成年人、儿童等不同心理和生理状态人们的休息需求（图5-5、图5-6）。

图5-5、图5-6的两个设计方案便是从实际情况出发，通过考察、记录、分析人群活动，从中得到设计指导和设计线索，服务于实际的设计案例典型。

（2）公共环境设施缺少人性化设计理念。比如学校里面的休息设施适用人群有限，仅仅考虑的是正常成年人的使用，缺少兼顾未成年人和行动不便人士的特殊要求。通过对校园人群活动的调研，我们了解到，校园活动人群类型不仅包括校内教师和学生，还包括校外社区的居住人群、外来游客等。高校社区化是未来一个发展方向，校园公共环境设施的建设不能仅狭隘地以校内师生为服务对象，而要尽可能地满足更多人群使用。

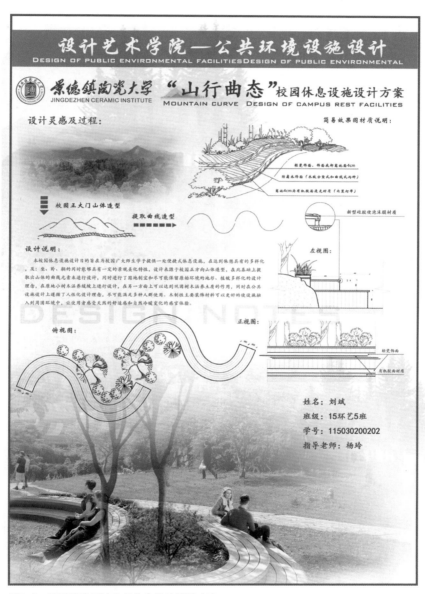

图5-5 校园设院周边公共休息设施设计方案

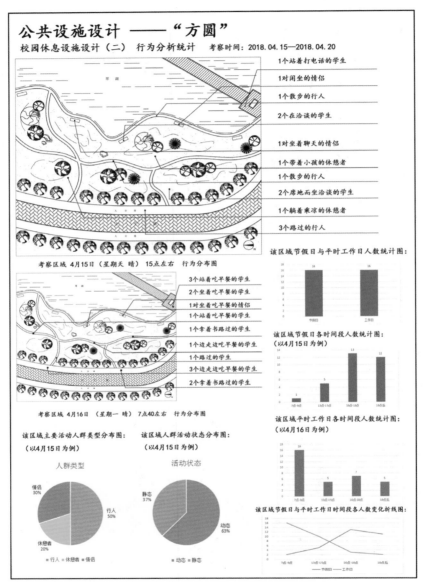

图5-6　校园翠湖畔公共休息设施设计方案

如图5-7和图5-8设计方案，该翠湖边的休息设施设计方案是在对具体地点人群活动的详细情况进行调研后产生的想法，设计者发

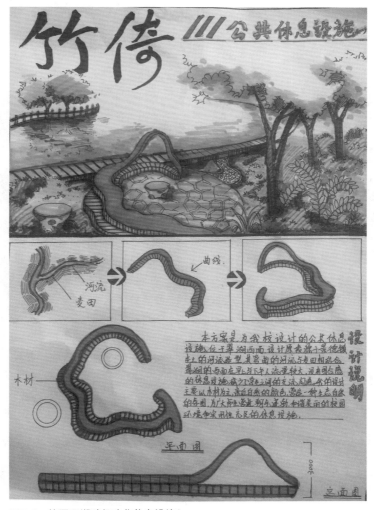

图5-7　校园翠湖畔趣味化休息设施1

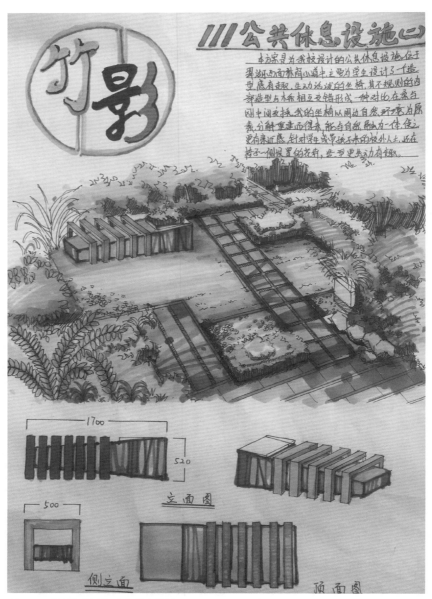

图5-8 校园翠湖畔趣味化休息设施2

现，翠湖边风景优美，节假日和下班后，经常出现附近的居民带着孩子来湖边嬉闹玩耍的情景，因而萌生了为儿童设计充满趣味化坐具的想法。

往来学校的人群里除了正常的成年人，偶尔也会有行动不便的人和银发族，这个设计方案的作者正是细心观察到了这一点，在坐具上增加了一些既有装饰性又能给特殊生理人群坐下和起身借一把力的小部件作为设计的细节，使简单的设计温暖人心，弥漫着人情味儿。（图5-9）

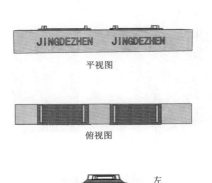

设计说明

本方案主要为学校校车接送点而设计。由考察得知该地点人流量较高，等车人数居多，且都以单人形式或者二三人的形式而出现，所以设计出发点为能单人或者小群体服务，形成每个独立的自我保护范围，并且可实施性比较高，占地面积相对较小，与景德镇陶瓷大学的设计点相融合，营造舒适氛围。

效果图

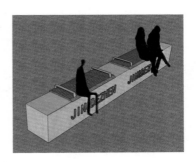

图5-9　有扶手细节的坐具

175

人性化缺失的现象不仅仅表现在某类设施上，解决这个问题更需要在进行校园公共环境设施建设做整体规划时就应该真正把"人性化"作为其建设指导思想。

（3）设施简单粗陋，具有随意性，缺少学校特色、校园文化和内涵。学校已配置的公共环境设施缺少必要的文化性，常见的情况是设施只追求比较纯粹的功能上的满足，或选择设计元素具有随意性，缺乏高校应有的浓郁的人文气氛，即使某类设施在配置的数和量上无可厚非，然而文化生态方面也往往薄弱非常，不能营造出高校浓郁的人文环境，从而实现环境对人的熏陶作用。比如垃圾箱的配置，从校门到操场到教室、食堂、宿舍、图书馆和健身室等地方，清一色安置的都

图5-10 标识牌和建筑立面的色彩暧昧，与校园氛围格格不入

是同一造型、同一规格、同一疏密的模块化标准垃圾箱；再如翠湖畔的原学术交流中心入口处标识牌，是非常典型的盲目追求经济效益、追求时尚，而没有考虑学校性质特点的充满随意性的设施配置案例。（图5-10）

作为高等学府的公共环境设施应该有内涵、有文化、有审美，不能照搬流水线生产的模式化语言，也不能不加选择地随意选用，从而忽视了自身的文化特点和学校特色。

景德镇陶瓷大学坐落在世界瓷都景德镇，地方陶瓷历史悠久，陶瓷文化浓郁，学校的办学定位和人才培养方案也都与陶瓷文化艺术密切结合，"建设陶瓷艺术文化与自然山水风光完美结合的特色美丽校园"是校园网主页上的校园规划宣言。因此，下面两套系列校园设施设计方案分别从陶瓷文化中提炼出红色的窑火、不息的探索精神、陶瓷器物等信息，再运用抽象思维转化成色彩、造型等方面的设计要素，完成一系列具有历史文化底蕴和学校精神的设施设计概念。（如图5-11—图5-16）

校园设施建设在规划时首先要厘清学校详细的特色情况（大学精神、学校性质定位、校园文化内涵、办学特色等），有了这个定位就能对设施进行特色化的引导，指引设计从学校办学特色、大学精神、校园文化，以及地域历史文化、民俗风貌、自然风物、地理气候等领域和层面去挖掘能体现校园特色文化的设计资源和设计素

图5-11　窑火精神系列设施之一

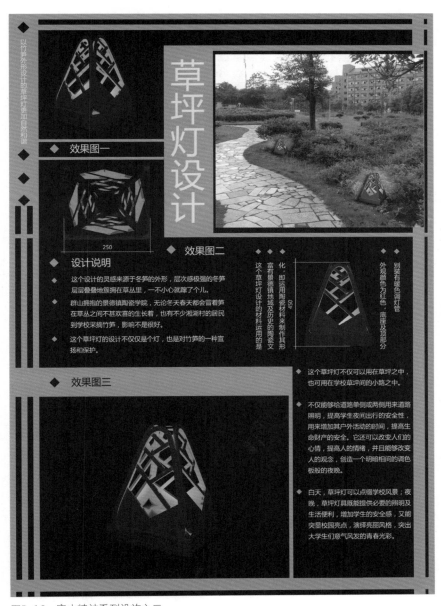

草坪灯设计

以竹笋外形设计的草坪灯更加自然和谐

◆ 效果图一

250

◆ 效果图二

设计说明

◆ 这个设计的灵感来源于冬笋的外形，层次感极强的冬笋层层叠叠地簇拥在草丛里，一不小心就蹿了个儿。

◆ 群山拥抱的景德镇陶瓷学院，无论冬天春天都会看着笋在草丛之间不甚欢喜的生长着，也有不少湘湖村的居民到学校采摘竹笋，影响不是很好。

◆ 这个草坪灯的设计不仅仅是个灯，也是对竹笋的一种宣扬和保护。

◆ 效果图三

化，即运用陶瓷材料来制作其形
富有景德镇地域及历史的陶瓷文
这个草坪灯设计的材料运用的是

450

别装有暖色调灯管
外观颜色为红色，底座及顶部分

◆ 这个草坪灯不仅可以用在草坪之中，也可用在学校草坪间的小路之中。

◆ 不仅能够给道路单侧或两侧用来道路照明，提高学生夜间出行的安全性，用来增加其户外活动的时间，提高生命财产的安全。它还可以改变人们的心情，提高人的情绪，并且能够改变人的观念，创造一个明暗相间的调色板般的夜晚。

◆ 白天，草坪灯可以点缀学校风景；夜晚，草坪灯具既能提供必要的照明及生活便利，增加学生的安全感，又能突显校园亮点，演绎亮丽风格，突出大学生们意气风发的青春光彩。

图5-12 窑火精神系列设施之二

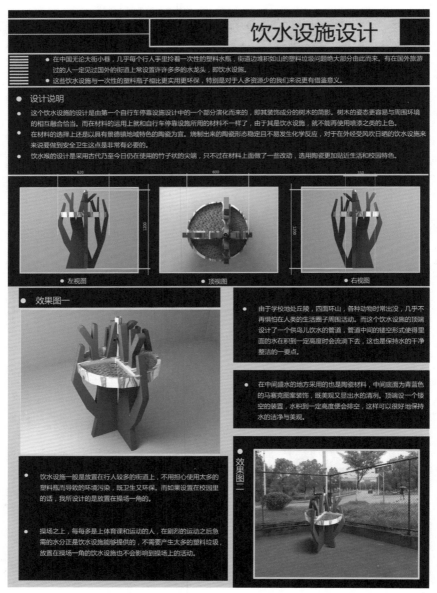

饮水设施设计

- 在中国无论大街小巷，几乎每个行人手里拎着一次性的塑料水瓶，街道边堆积如山的塑料垃圾问题绝大部分由此而来。有在国外旅游过的人一定见过国外的街道上常设置许许多多的水龙头，即饮水设施。
- 这些饮水设施与一次性的塑料瓶子相比更实用更环保，特别是对于人多资源少的我们来说更有借鉴意义。

设计说明

- 这个饮水设施的设计是由第一个自行车停靠设施设计中的一个部分演化而来的，即其装饰成分的树木的简影。树木的姿态更容易与周围环境的相互融合恰当。而在材料的运用上就和自行车停靠设施所用的材料不一样了，由于其是饮水设施，就不能再使用喷漆之类的上色。
- 在材料的选择上还是以具有景德镇地域特色的陶瓷为宜。烧制出来的陶瓷形态稳定且不易发生化学反应，对于在外经受风吹日晒的饮水设施来来说要做到安全卫生这点是非常有必要的。
- 饮水喉的设计是采用古代乃至今日仍在使用的竹子状的尖端，只不过在材料上面做了一些改动，选用陶瓷更加贴近生活和校园特色。

△ 左视图　　　　　△ 顶视图　　　　　△ 右视图

效果图一

- 由于学校地处丘陵，四面环山，各种动物时常出没，几乎不再惧怕在人类的生活圈子周围活动。而这个饮水设施的顶端设计了一个供鸟儿饮水的管道，管道中间的镂空形式使得里面的水在积到一定高度时会流淌下去，这也是保持水的干净整洁的一要点。

- 在中间盛水的地方采用的也是陶瓷材料，中间底面为青蓝色的马赛克图案装饰，既美观又显出水的清冽。顶端设一个镂空的装置，水积到一定高度便会排空，这样可以很好地保持水的洁净与美观。

- 饮水设施一般是放置在行人较多的街道上，不用担心使用太多的塑料瓶而导致的环境污染，既卫生又环保。而如果设置在校园里的话，我所设计的是放置在操场一角。

- 操场之上，每每多是上体育课和运动的人，在剧烈的运动之后急需的水分正是饮水设施能够提供的，不需要产生太多的塑料垃圾，放置在操场一角的饮水设施也不会影响到操场上的活动。

效果图二

图5-13　窑火精神系列设施之三

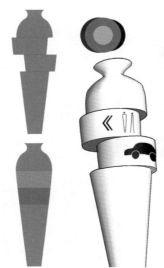

设计说明：

　　这套卫生间指向标识系统按照远距离、中距离和近距离识别的顺序设置。最高的导向路碑为远距离导向标识，高为2米，从高到低分段尺寸依次为300、200、20、1300（mm）。外形为陶瓷瓶中上段错分而成，具有方向指向感。

　　中距离指向标识为蓝、红整体色的两个陶瓷瓶子，领带图案代表男性，波浪纹图案代表女性，具有一般性辨识度。

　　近距离标识灵感来自陶瓷瓶身的流畅曲线感，并以简约的点、线方式呈现，在辨识性基础上添加了优雅与美感。

卫生间标识系统

图5-14 陶瓷意象系列设施之一

直饮水设施

设计说明：

　　这款公共直饮水器外形的灵感来自传统瓷器组合之间的剖析，并设有高中低三种不同高度的饮水池，同时满足大人、小孩以及宠物的室外饮水需求。出水龙头及水池内部采用不锈钢材质，外型部分采用红色彩钢，不锈钢材质，牢固、耐用、美观。

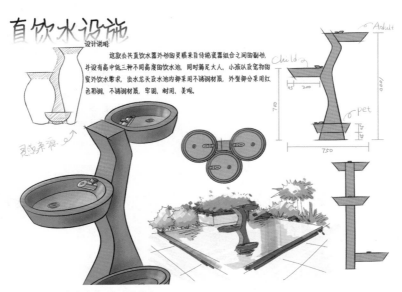

图5-15 陶瓷意象系列设施之二

181

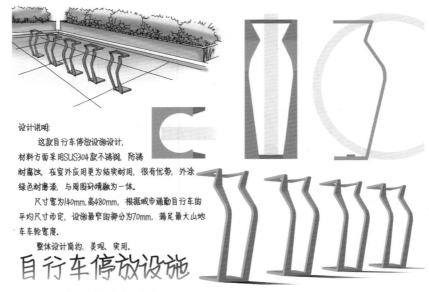

设计说明:

　　这款自行车停放设施设计,材料方面采用SUS304款不锈钢,防锈时腐蚀,在室外应用更为结实耐用,很有优势,外涂绿色耐磨漆,与周围环境融为一体。

　　尺寸宽为140mm,高480mm,根据城市通勤自行车的平均尺寸而定,设施最窄的部分为70mm,满足最大山地车车轮宽度。

　　整体设计简约、美观、实用。

自行车停放设施

图5-16　陶瓷意象系列设施之三

材,同时也能约束和控制设施发展建设中文化元素的随意性问题。

　　(4)公共环境设施建设缺少整体的规划和设计思路是普遍存在的第四个问题。比如,校园空间大而复杂,却缺少必要的外部空间和建筑内部空间导识系统,仅有的标识体系相互之间各自为政,成为各不联系且不相干的零碎片断,缺乏整体性的规划以及色彩、装饰、造型、内涵等方面必要的联系,导致外来人员甚至校内人员无法在现有标识系统的指示下弄清校园建筑内外空间体系,找到自己的目标。

　　在图5-17这套校园标识系统的设计概念方案中,设计者以校园

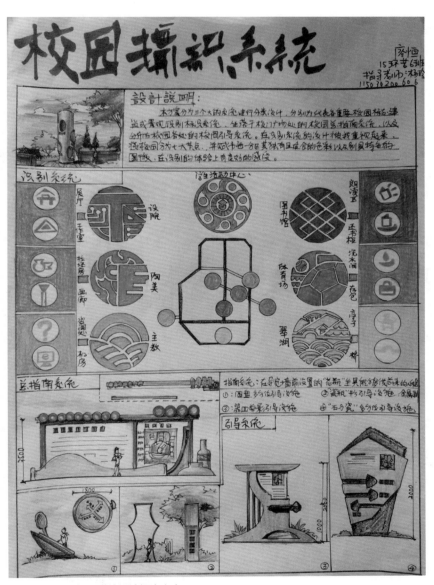

图5-17　校园标识系统设计概念方案

全局为整体做一个标识系统的整体规划，在校园入口广场多方位的设置尺度适宜、点缀陶瓷文化元素的校园总平面规划装置，总平面图中，通过特定的色彩体系将校园进行功能分区。特定色彩代表特定功能区域，同一功能区域内不同建筑体的标志色都为邻近色，特定的建筑在总平面图上以装饰图案近似的不同标志来区别标识。在第二层级的建筑内外部空间的标识系统中，总平面图中的色彩和标识将得到进一步的延续，在建筑入口的标识牌、建筑大厅的建筑总平面图以及各楼层通道、具体功能空间的门牌标识上的不断重复，以标准色谱和指示性图谱为纽带，建立系统化的校园标识体系的框架。

再如，校园里的各类设施之间，从设计概念到细部，没有一处共通的地方，设施之间在规划与设计构思上的这种分崩离析，不能助力于完整、明晰校园意象的构建。因此，在设计校园设施前，需要有一个对设施全局规划的思维，使设施之间产生亲缘纽带，设施与校园之间形成大树和土壤的关系，土壤供给树木养分，成长的大树成为这片土地的标志，树立起这片土壤的视觉形象，进而在过往人群内心留下关于这片土地的内心视像。

在图5-18—图5-20这套系列设施作品，从景德镇地方传统窑砖建筑、古典建筑元素中提炼了造型、色彩、装饰、材质等方面的要素，结合具体设施功能，设计了一系列具有整体性的设施。

草坪燈

Renderings｜效果图

Perspective｜透视图

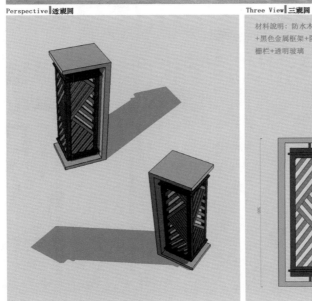

Three View｜三视图

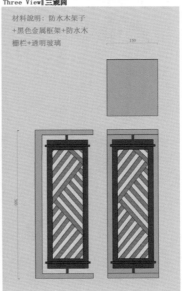

材料说明：防水木架子
+黑色金属框架+防水木
栅栏+透明玻璃

图5-18　地方传统建筑元素系列设施之一

185

路灯

Renderings|效果图

Perspective|透视图

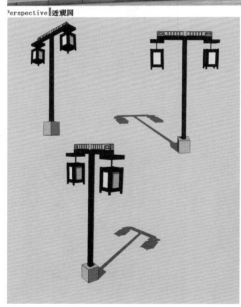

Three View|三视图

材料说明:黑色金属架+青瓷修饰砖+琥色玻璃

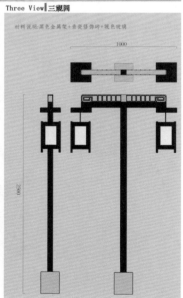

图5-19　地方传统建筑元素系列设施之二

休閒座椅

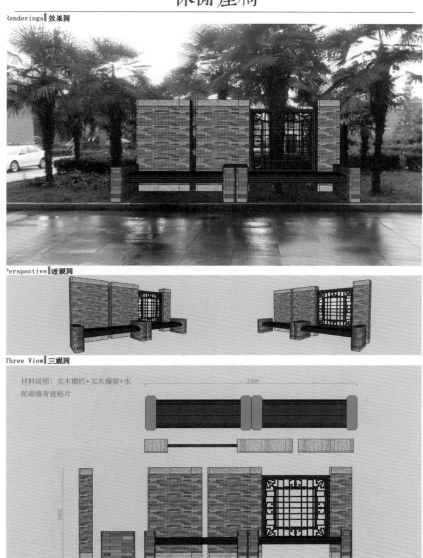

图5-20　地方传统建筑元素系列设施之三

　　而图5-21—图5-23这套设计作品则另辟蹊径，以弧线、简单的几何体为基本形态要素，设计了风格统一的系列简洁、明快又不失优雅的校园设施，传递出青春、朝气、现代的校园文化氛围。

图5-21　现代简约系列设施之一

图5-22 现代简约系列设施之二

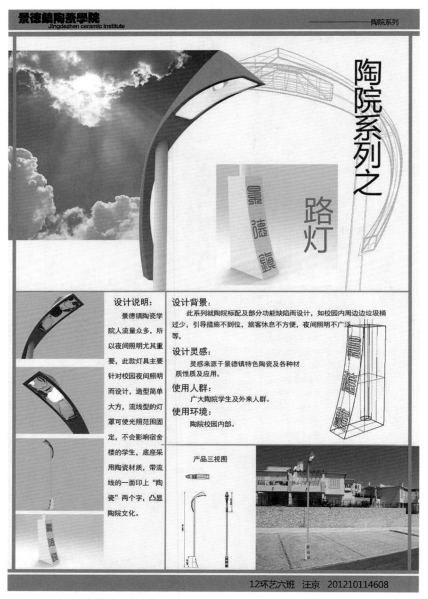

设计说明：

　　景德镇陶瓷学院人流量众多，所以夜间照明尤其重要，此款灯具主要针对校园夜间照明而设计，造型简单大方，流线型的灯罩可使光照范围固定，不会影响宿舍楼的学生，底座采用陶瓷材质，带流线的一面印上"陶瓷"两个字，凸显陶院文化。

设计背景：

　　此系列就陶院标配及部分功能缺陷而设计，如校园内周边边垃圾桶过少，引导措施不到位，旅客休息不方便，夜间照明不广泛等。

设计灵感：

　　灵感来源于景德镇特色陶瓷及各种材质性质及应用。

使用人群：

　　广大陶院学生及外来人群。

使用环境：

　　陶院校园内部。

产品三视图

12环艺六班　汪京　201210114608

图5-23　现代简约系列设施之三

　　图5-24—图5-26这套校园系列设施设计，虽然造型、色彩、装饰等方面没有太大联系，但是它们的设计构思和设计思路却具有一致性，即从与设施功能有紧密联系的对象物品中挖掘形态素材，于是有了以弹簧为形态基础的车辆停放设施，以铅笔为雏形的建筑方位指向标识，以易拉罐为造型素材的垃圾箱设施。系列设施充斥着设计的奇思妙想和接地气的校园生活气息。

　　城市意象是城市形、色、光、味等在人们心里留下的内心视像。意象力是一种具有个性化色彩的事物，可意象的对象首先应该是特别的，才能具备这种可能性。不仅城市建筑、构筑物具有可意象的可能性，城市中为数众多、紧贴民生的公共环境设施也拥有这种可能性，这种可能性的达成需要在实现安全性、功能性、系统性、识别性等设施应该具备的共性基础上，努力挖掘设施在造型、色彩、材质、装饰、细部处理等方面的个性化。某座城市或城市某个区域个性化的设施设计灵感并非无本之木，而是源于设施所处不同地域的不同的自然环境、不同的人文环境。自然环境能提供的设计资源包括地理特征、气候条件、自然资源等；人文环境主要指地域所特有的生活方式、意识形态、人文景观、风俗习惯等。唯有从当地自然环境和人文环境中寻求设计线索，才能使设施真正与它们所在的土地同气连枝、气息相同，具有意象力的区域化设施、城市公共环境设施也因此应运而生。

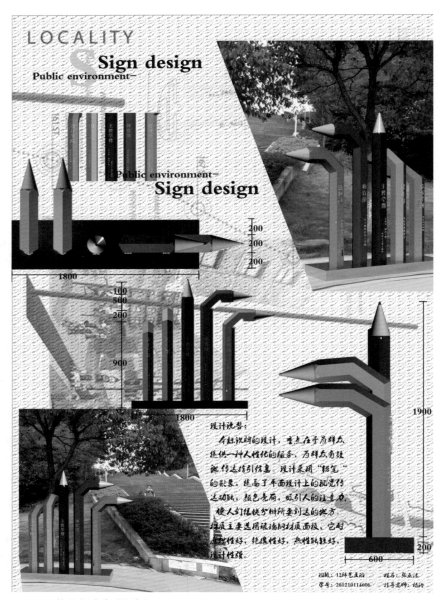

图5-24　校园生活系列设施之一

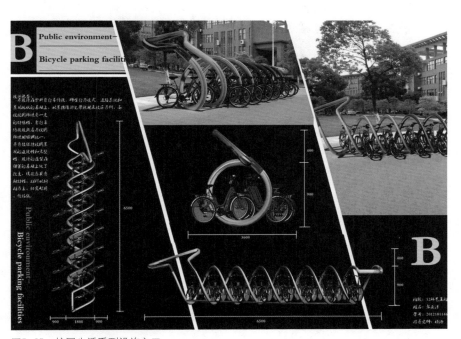

图5-25　校园生活系列设施之二

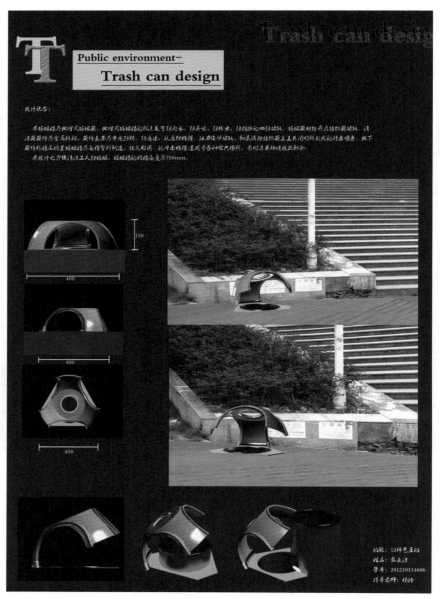

图5-26　校园生活系列设施之三

参考文献

［1］［美］刘易斯·芒福德.城市发展史——起源、演变和前景[M].宋俊岭，倪文彦译.北京：中国建筑工业出版社，2005.

［2］［美］科莱尔·库珀·马库斯，卡罗琳·佛朗西斯.人性场所——城市开放空间设计导论[M].俞孔坚译.北京：中国建筑工业出版社，2008.

［3］鲍诗度等.城市家具系统设计[M].北京：中国建筑工业出版社，2006.

［4］王继成编著.产品设计中的人机工程学[M].北京：化学工业出版社教材出版中心，2004.

［5］张伟社，张涛编著.产品系统设计[M].西安：陕西科学技术出版社，2006.

［6］丁玉兰等编著.人机工程学[M].北京：北京理工大学出版社，2000.

［7］徐磊青，杨公侠编著.环境心理学[M].上海：同济大学出版社，2002.

［8］李道增编著.环境行为学概论[M].北京：清华大学出版社，

1999.

　　［9］［美］凯文·林奇.城市意象[M].方益萍等译.北京：华夏出版社，2009.

　　［10］［丹麦］扬·盖尔.交往与空间[M].何人可译.北京：中国建筑工业出版社，2008.

　　［11］陈维信.环境设施设计方案[M].南京：江苏美术出版社，1998.

　　［12］朱蓉.城市公共环境设计[M].北京：人民美术出版社，2008.

　　［13］［美］艾尔·巴比.邱泽奇译.社会研究方法[M].北京：华夏出版社，2009.

　　［14］［英］克利夫·芒福汀.街道与广场[M].张永刚等译.北京：中国建筑工业出版社，2004.

　　［15］［丹麦］扬·盖尔，拉尔斯·古姆松.公共空间·公共生活[M].汤羽扬等译.北京：中国建筑工业出版社，2003.

　　［16］鲍麟.公共休憩设施的个性化设计[D].上海大学硕士学位论文，2007.

　　［17］张东初，裴旭明.从工业设计看城市公共设施的设计[J].城市问题，2003.3.

　　［18］杨玲，张明春.城市公共饮水器设计浅析[J].装饰，

2010.3.

　　［19］杨玲，张明春.基于城市意象的景德镇公共环境设施装饰研究[J].艺术评论，2012.2.

　　［20］张明春，杨玲.基于城市意象的景德镇公共环境设施形态研究[J].艺术评论，2010.8.

　　［21］张明春，杨玲.浅析公共休憩设施的人本化设计[J].科技创新导报，2009.1.

　　［22］杨玲，张明春.公共设施的共用性设计理念和方法[J].科技创新导报，2008.3.

　　［23］杨玲，汤婉秋.景德镇陶瓷学院校园环境标识设计探讨[J].室内设计，2011.3.

　　［24］杨玲，张明春.城市自行车停放设施设计探析[J].室内设计，2010.1.

　　［25］张明春，杨玲.城市垃圾箱设计探析[J].艺术与设计，2010.9.

　　［26］柳权.道路文通环境的城市设计观[J].城市规划，1999.3.

　　［27］陈燕萍.论居住区相关设施配置指导体系的改革[J].建筑学报，2000.4.